KB111514

우주에서 **부**를 캐는

호모 스페이스쿠스

우주에서 **부**를 캐는

호모 스페이스쿠스

이성규 지음

플루토

차례

2장 | 우주가 비즈니스가 되는 뉴 스페이스의 시대

3장 | 세계 여러 나라의 달 탐사 각축전

4장 | 호모 스페이스쿠스의 시대, 대한민국의 선택은?

5장 | 로켓 열전

프롤로그

호모 스페이스쿠스의 시대가 온다

지구에 사는 인간을 비롯한 생물체의 몸은 여러 가지 원소로 이루어져 있다. 그중 하나인 인은 원자번호 15번, 원소기호 P로 생명체를 구성하는 6대 필수 원소 가운데 하나다. 인을 제외한 나머지 5대 원소는 탄소, 수소, 질소, 산소, 황이다. 6대 필수 원소 모두는 생명체에 반드시 필요한데, 특히 인은 뼈와 밀접한 관련이 있다. 사람의 뼈를 단단하게 유지해주는 주요 성분이기 때문이다. 뿐만 아니라 생명체의 유전물질인 DNA deoxyribonucleic acid의 기본 뼈대를 이룬다. 인간의 DNA는 두 가닥으로 되어 있는데, 각 가닥에는 뉴클레오타이드nucleotide라는 물질 30억 개가 이어져 있다. 말하자면 DNA를 한 줄로 늘어놓으면 30억 쌍의 뉴클레오타이드가 서로 연결돼 있는 것이다. 이 뉴클레오타이드들을 연결해주는 핵심 물질이 바로 인이다. 그래서 인을 DNA의 뼈대를 이루는 핵심 물질이라고 한다.

인은 생명체의 유전물질인 DNA의 기본 골격을 이루는 막중한 임무를 띠고 있음에도 불구하고 그 기원이 명확하게 밝혀지지 않았다. 6대 원소 가운데 하나인 수소는 아득히 먼 옛날 우주가 대폭발할 당시에 생성되었다. 탄소와 질소, 산소와 황 등 다른 네 개 원소는 별의 내부에서 생성된 후 별이 죽음에 가까워져 초신성 폭발을 일으킬 때 우주 공간으로 퍼져 나왔다. 초신성 폭발은 질량이 태양의 8배 이상인 별들이 종말에 이르러 중심핵이 붕괴하면서 폭발하는 현상이다. 이 별들이 폭발할 때 갑자기 밝게 빛나기 때문에 없던 별이 탄생하는 것처럼 보여 초신성이라고 불렀다. 그러나 현대 과학은 초신성 폭발이 별의 탄생이 아니라 죽음을 알려주는 현상임을 밝혀냈다.

비교적 양이 많아 일찌감치 과학자들이 그 기원을 확인한 5대 원소와 달리 인은 워낙 양이 적어서 그 생성 현장을 확인하지 못했다. 우주에 분포하는 인의 양은 수소의 300만 분의 1, 나머지 네 개 원소의 1,900분의 1에서 50분의 1 수준이다.

그런데 2003년 유명한 과학저널 《사이언스》에 흥미로운 논문 한 편이 발표됐다. 논문의 제목은 '젊은 초신성 잔해인 카시오페이아 A의 인'이다.

초신성이 폭발하면 별을 이루던 물질이 초속 수천 킬로미터 이상의 속도로 분출돼 주변을 휩쓴다. 이렇게 해서 휩쓸린 주변 물질과 초신성 분출물을 초신성 잔해라고 한다. 1680년경 태양

질량의 15~25배 정도 되는 별이 폭발한 잔해로 알려져 있는 카시오페이아 A는 지구로부터 약 1만 1,000광년 떨어져 있다.

초신성이 폭발하고 남은 잔해인 카시오페이아 A를 분석한 연구 팀은 초신성 잔해에서 관측된 인이 태양계나 우리 은하에서 일반적으로 관측되는 양의 100배에 달한다는 점을 밝혀냈다. 이 연구는 그동안 생성 현장을 관측하지 못했던 인 역시 질량이 큰 별의 중심에서 일어나는 핵융합으로 생성되며, 별이 초신성 폭발을 일으킬 때 우주 공간으로 퍼져 나간다는 초신성 핵융합 이론을 뒷받침하는 연구로 주목받았다.

《사이언스》는 논문 외에 별도로 편집자 칼럼에서 이 연구 결과를 '우리는 모두 별 먼지다'라는 제목으로 소개했다. 별에서 생성된 인을 비롯한 주요 원소들은 우주로부터 지구로 왔고, 이 원소들로부터 생명체가 탄생했다고 추측된다. 우주는 미지의 대상이지만 한편으론 우리의 고향인 셈이다. 이런 점에서 보면 인류가 우주를 동경하고 탐사하는 행위는 자연스러운 본능이라고 할 수 있다. 마치 연어가 태어난 곳을 찾아 수만 킬로미터를 헤엄쳐 가는 것처럼 말이다.

우주를 향한 인류의 여행은 생각보다 오래되었다. 우리의 조상들이 밤에 별을 보며 길을 찾았던 것이나 지구가 태양을 중심으로 돌고 있다고 주장한 코페르니쿠스의 지동설도 일종의 우주탐사라고 볼 수 있으니 말이다. 하지만 본격적인 우주탐사는 1969

년 아폴로 11호에 탑승한 우주인들이 최초로 달에 발을 디딘 이후에야 비로소 시작됐다고 할 수 있다.

두 우주인이 달에 착륙한 지 50년이 지난 지금 미국은 제2의 아폴로 프로그램인 아르테미스 달 탐사 프로그램을 추진하고 있다. 아르테미스는 달을 탐사하는 프로그램이라는 점에서는 아폴로 프로그램과 같지만 내용은 크게 다르다. 아르테미스의 중심에는 미국항공우주국NASA(나사)와 같은 국가기관이 아닌 민간 우주기업이 적극적으로 우주탐사에 참여한다는 이른바 뉴 스페이스가 놓여 있다. 뉴 스페이스가 생소하다면 2020년 5월 31일 민간기업으로는 최초로 유인 우주선 크루 드래건Crew Dragon을 지구 밖으로 발사한 스페이스엑스의 활동을 떠올리면 된다. 뉴 스페이스의 부상은 지금까지 군사와 학술 분야에 치중되어 있던 우주탐사의 목적이 산업 분야로 확장될 수 있음을 보여준다. 뉴 스페이스는 우주가 돈이 되는 우주 상업화 시대가 열리고 있다는 점에서 전 세계적으로 비상한 관심을 얻고 있다. 바야흐로 호모 스페이스쿠스Homo Spacecus의 시대가 도래했다. 우주에서 돈을 벌겠다는 새로운 인류의 시대 말이다.

이 책에서는 아르테미스 프로그램과 뉴 스페이스를 중심으로 우주탐사의 현주소를 짚어보고자 한다. 그리고 이 같은 전 세계적인 추세 속에서 우주탐사 후발주자인 한국은 어디까지 와 있으며, 우주 상업화의 열매를 따기 위해 어떤 노력을 해야 하는지 생각해보고자 한다. 이 책을 통해 우리 독자들이 곧 다가올 우주 상업화에 관한 이해와 관심의 폭을 조금이라도 넓힐 수 있기를 희망한다. 본문에서 다루지 못한 흥미롭거나 심층적인 이야기는 각 장 말미의 '스페이스 인사이트' 코너에서 소개했다.

자, 그럼 본격적으로 우주탐사를 떠나보자.

1장

50년 만에 다시 달로, 아르테미스 프로그램

50년 만에 다시 시작하는 유인 달 탐사

2017년 여름, 나는 휴가차 인도네시아 발리를 방문했다. 하루는 그곳에서 미국인 친구와 만나 이런저런 이야기를 나누는데 그 친구가 "내가 미국인이라는 게 부끄럽다"고 말하는 것이었다. 세계 최강국 미국의 국민이라는 사실이 부끄럽다니 도대체 무슨 뜻일까? 이 친구가 외국인인 나에게 스스럼없이 이런 말을 하게 된 근본적인 이유는 단 하나였다. 2017년 미국의 45대 대통령으로 도널드 트럼프가 취임했기 때문이다. 선거운동 때부터 온갖 뉴스를 몰고 다니며 미국과 전 세계를 충격에 빠뜨린 트럼프는 과학 분야와 관련해서도 수많은 미국인을 격분케 했다.

이 분노의 요인은 크게 두 가지로 압축된다. 첫째는 트럼프가 대선 공약으로 내세운 철저한 반反이민자 정책이다. 이로 인해 미국에서 연구하고 있는 외국인 과학자나 미국의 대학으로 유학할 계획이 있는 학생들은 곤란해질 상황에 몰렸다. 이들의 연구비를 제한하거나 유학생을 더는 받지 않는다거나 하는 일이 현실이 될 수 있기 때문이다. 더구나 이미 미국의 주요 연구소나 대학에서 중국인과 한국인, 히스패닉과 인도인 등이 중추적인 역할을 맡고 있기 때문에 트럼프에 대한 과학계의 반발이 거셌다. 그래서 미국 주요 과학단체들은 앞다퉈 트럼프의 반이민자 정책에 반대하는 성명을 발표했다.

트럼프에 반대하는 미국인들을 분노하게 만든 두 번째 요인은 과학과 관련된 주요 기관들의 예산을 삭감하겠다는 그의 주장이다. 실제로 트럼프 대통령은 2018년도 정부 예산안에서 국립과학재단 11퍼센트, 국립보건원 18퍼센트, 환경보호청은 30퍼센트의 예산을 전년보다 삭감하겠다고 밝혔다. 지구온난화를 사기극이라고 주장하는 트럼프는 기후변화 연구 관련 예산을 19퍼센트 삭감하라고 지시했다. 나사의 예산은 상대적으로 적은 2.8퍼센트를 삭감했다.

이쯤 되면 트럼프는 임기 내내 과학과는 담을 쌓고 지내려는 것 같다. 그런데 놀랍게도 트럼프 행정부가 아무도 예상하지 못한 계획을 느닷없이 발표했다. 바로 유인 달 탐사를 하겠다고 선언한 것이다.

2017년 취임 첫해를 맞은 트럼프 행정부는 미국의 우주정책을 총괄하는 국가우주위원회를 25년 만에 부활시키고 유인 달 탐사 계획을 공식화했다. 국가우주위원회 위원장을 맡은 부통령 마이크 펜스는 트럼프 대통령의 행정명령에 따라 유인 달 탐사 임무를 수행하도록 나사에 지시했다. 펜스 부통령은 2024년 달에 다시 우주인을 보낼 것이라며 구체적인 시한도 제시했다.

이뿐만이 아니다. 트럼프 행정부는 달을 발판으로 화성에도 우주인을 보내겠다고 밝혔다. 자연히 의문이 생긴다. 왜 트럼프는 뜬금없이 달에 우주인을 보내겠다고 할까? 트럼프가 특별히 달이나 우주에 관심이 있어서일까? 아니면 다른 이유나 고민이 있어서일까?

모두가 알다시피 미국은 이미 약 50년 전인 1969년 아폴로 11호를 통해 인류 최초로 달에 사람을 착륙시켰다. 이후 지금까지 미국 외에는 달에 우주인을 보낸 나라가 없다. 따라서 미국이 굳이 달에 다시 우주인을 보낼 이유는 없어 보인다. 하지만 트럼프와 펜스의 발언에서 그 이유의 실마리를 조금은 찾을 수 있을 것 같다.

트럼프를 미국 대통령으로 당선되게 해준 동력은 한마디로 '미국 우선주의America First'다. 히스패닉, 아시아계 등 미국에 이민 온 사람들이 저렴한 임금으로 미국 내 일자리를 꿰차면서 전통적인 백인 중산층이 무너졌다. 이들 백인 중산층이 미국 우선주의를 앞세운 트럼프를 적극 지지했고, 그는 강력한 대선 주자였던 힐러

©NASA

미국은 1969년 아폴로 11호를 통해
인류 최초로 달에 사람을 착륙시켰다.
이후 지금까지 미국 외에는 달에 우주인을 보낸 나라가 없다.

리 클린턴을 꺾고 대통령에 당선될 수 있었다. 그렇다면 미국 우선주의와 트럼프의 유인 달 탐사는 어떤 관계가 있을까?

이 관계를 살펴보면 50여 년 전 케네디 대통령이 제시한 아폴로 프로그램과 겹치는 부분이 있다. 뒤에서도 이야기하겠지만, 케네디 대통령은 달에 사람을 보내면 당시 구소련과의 우주 경쟁에서 뒤처진 미국이 단번에 상황을 만회할 수 있을 거라고 생각했다. 전문가들은 트럼프 역시 이와 비슷한 생각으로 유인 달 탐사를 선언했다고 본다.

현재 미국은 세계 최강의 우주 대국이다. 그런데 트럼프가 눈엣가시같이 여기는 중국이 최근 우주 분야에서 두각을 나타내고 있다. 중국은 2019년 1월 인류 최초로 달의 뒷면에 착륙선을 보냈고 그 결과 중국의 탐사 로봇이 달 표면을 밟았다. 이미 50년 전에 우주인을 달에 보낸 미국 입장에서는 별일 아니라고 생각할 수 있겠지만, 과연 그럴까? 인류 최초로 달의 뒷면에 착륙선을 보내는 명예는 미국이 아닌 중국이 차지했다. 전 세계 패권을 두고 시진핑 주석과 무역전쟁을 벌이고 있는 트럼프 대통령에게 그리 달가운 소식은 아니다.

이런 상황을 종합하면 트럼프의 유인 달 탐사 선언에는 우주 분야에서 미국의 패권을 확실히 하고, 떠오르는 신흥 강국 중국을 견제하겠다는 의도가 담겨 있다. 미국 조지워싱턴대학교 우주정책연구소의 존 록스돈 교수는 필자와 한 인터뷰에서 1961년에 케네디가 달 탐사를 통해 우주 패권을 확보하면 미국의 위대함을 가장 잘 드러낼 수 있다고 생각했듯이 트럼프도 자신이 가장 중요하게 생각하는 미국 우선주의를 위해 달 탐사를 재개했다고 말했다. 트럼프는 우주탐사에 극적으로 성공하면 미국의 지도력을 전 세계에 가장 확실하게 심어줄 수 있다고 믿는다는 얘기다.

케네디 대통령 시절에는 달에 인간을 보내는 것이 극적인 성공이었을지 몰라도 지금은 아니라고, 화성 정도 되는 행성에 인간을 보내야 극적이지 않겠냐고 생각할 수도 있다. 그렇지만 화성은 달과는 비교할 수 없을 정도로 거리가 멀다. 제아무리 미국이라 해도 지금 당장 인간을 보낼 수 있는 곳이 아니다. 현재 달까지 가는 데는 3일이 걸리지만 화성까지는 10개월이나 걸린다. 그만큼 준비해야 할 것도 많고, 현재 기술로는 불가능한 것도 많다. 이미 한 차례 갔다 온 경험이 있는 달에 인간을 보내는 것이 시도조차 한 적 없는 화성에 인간을 보내는 것보다 성공 확률이 더 높다는 것은 두말할 나위가 없다. 이런 점에서 달은 트럼프 행정부의 유인 탐사의 목표로 가장 적합한 곳이다.

여기에 더해 주목해야 할 점은 트럼프 행정부가 유인 달 탐사의 시기를 2024년으로 못 박았다는 점이다. 2024년은 트럼프가 재선에 성공할 경우 그의 임기 마지막 해가 된다. 만약 미국이 2024년 유인 달 탐사에 성공한다면 이는 분명 트럼프 행정부의 최대 업적 가운데 하나가 될 것이다. 또 차기 미국 대선에서 공화

당 후보에게 유리하게 작용할 가능성도 크다. 이런 점에서 유인 달 탐사는 케네디 당시와 마찬가지로 트럼프 행정부에서도 다분히 정치적 목적이 작용한 결과라고 볼 수 있다. 그래서 달 탐사가 정치적 쇼라는 얘기도 끊임없이 나오고 있다.

그렇다면 2024년으로 예정된 미국의 달 탐사는 정치적 목적 이외엔 의미가 없을까? 이에 대한 답을 펜스 부통령의 발언에서 찾아볼 수 있다. 펜스는 트럼프의 분신으로 불리기 때문에 그의 말은 곧 트럼프의 생각이라고 이해해도 무방하다. 펜스는 유인 달 탐사 계획을 발표하며 달을 발판으로 하여 화성에까지 우주인을 보내겠다고 강조했다. 그는 이를 '달에서 화성으로Moon to Mars'라고 표현했다. 이 말의 의미를 풀어보면 50년 전처럼 단순히 달에 사람을 보내는 것을 넘어서 달을 지속적인 우주탐사의 전진기지로 활용하겠다는 의지를 읽을 수 있다.

2024년 유인 달 탐사 계획에 따르면 우주선이 착륙할 곳은 달의 남극이다. 달의 남극에는 얼음이 많다. 얼음을 녹이면 물이 되고, 물을 분해하면 산소와 수소를 얻을 수 있다(물은 산소 원자 한 개와 수소 원자 두 개로 구성되어 있다). 달의 얼음에서 산소를 얻을 수 있다면 앞으로 달에 거주할 우주인이 숨 쉴 때 사용할 수 있고, 로켓의 연료를 태울 때 쓰는 산화제로 사용할 수도 있다. 수소 역시 우주탐사에 필요한 연료로 활용할 수 있다. 미국의 목표는 달에 항구적인 우주탐사 기지를 건설하겠다는 것이다. 이 탐사의 최종 목표는 바로 화성이다.

화성에 우주인을 보내는 일을 별개로 하더라도 달에 우주탐사 기지를 건설하겠다는 계획은 그 자체로도 의미가 크다. 그 의미는 대략 두 가지로 설명할 수 있다. 첫째, 달에 기지를 건설한다는 것은 달에 우주인을 상주시키겠다는 말이다. 인류가 지금까지 우주에 보낸 건조물 가운데 가장 큰 것은 국제우주정거장이다. 국제우주정거장에는 지구와 우주정거장을 오가며 과학적 임무를 수행하는 우주인들이 일정 기간 거주한다. 국제우주정거장에 우주인이 거주한다는 개념을 달 표면으로 확장한 것이 달 기지다. 이곳에서 유인 화성 탐사, 그리고 이후 화성에 우주인이 거주하기 위해 필요한 다양한 실험을 할 수 있다.

둘째로는 달이 사업business의 영역으로 들어온다는 점을 의미한다. 앞서 설명했듯 달에는 얼음이 있고, 얼음에서는 수소와 산소를 뽑을 수 있다. 이는 달의 자원을 상업화할 수 있다는 뜻이다. 이뿐만이 아니다. 달 표면에는 핵융합의 원료로 쓸 수 있는 헬륨-3가 많이 쌓여 있다고 한다. 지금의 기술로는 달에 있는 헬륨-3를 지구로 가져올 수 없고, 설사 가져와도 이를 핵융합할 방법이 없다. 하지만 언젠가는 가능해질 것이다. 유럽우주국ESA 국제달탐사연구단에서 연구 책임을 맡고 있는 버나드 포잉 수석연구원은 달에 있는 헬륨-3 10톤만 지구로 가져와도 아시아 전역에서 6개월, 유럽에서는 1년간 에너지원으로 쓸 수 있고, 100톤을 가져오면 전 세계가 1년간 쓸 수 있는 에너지를 생산할 수 있다고 주장했다.

달의 자원 채굴과 수송, 활용은 곧 관련 비즈니스를 낳을 것이고, 우주에서 돈을 버는 시대를 앞당길 것이다. 이후 구체적으로 설명하겠지만, 2024년의 유인 달 탐사는 50년 만의 달 탐사 재개라는 의미를 넘어서 우주탐사가 비즈니스로 전환하는 시발점이라는 점에서 이전과는 또 다른 의미가 있다.

우주탐사와 대통령

존 F. 케네디는 1961년 1월부터 1963년 11월 암살당하기까지 35대 미국 대통령을 역임했다. 짧은 대통령 재임 기간 동안 케네디가 이룬 업적들 가운데 하나가 아폴로 프로그램을 공식화한 일이다. 1957년 구소련이 세계 최초로 인공위성 스푸트니크를 발사하자 큰 충격을 받고 위기감을 느낀 케네디는 1961년 5월 25일 의회에서 '긴급한 국가적 필요'라는 제목으로 연설을 했다. 이 연설에서 케네디는 미국이 우주 분야에서 지도적인 역할을 해야 할 시점이 왔고 반드시 '이 목적'을 달성해야 한다고 역설했다. 그 목적이란 1960년대 안에 달에 우주인을 착륙시킨 후 지구에 무사히 귀환시키는 것이었다. 케네디는 이보다 더 인류에 강한 인상을 줄 수 있는 우주 프로그램은 없으며, 장기적 우주탐사의 관점에서도 이보다 더 중요한 일은 없다고 강조했다. 케네디의 유인 우주탐사 선언은 그의 말대로 1960년대 안에 실현됐다. 케네디가 선언을 공식화한 날이 1961년 5월 25일이었고, 실제로 미국 우주인이 달에 첫 발자국을 찍은 날이 1969년 7월 20일이었으니 9년 만에 이룬 것이다.

아폴로 프로그램은 사실 케네디를 떼어놓고는 생각할 수 없다. 이 프로그램 자체가 그의 지시로 시작되었기 때문이다. 달에 사람을 보낸다는 것이 불가능에 가까웠던 당시에 대통령의 지시가 아니었다면 이 프로그램은 시작 자체가 불가능했을 것이다. 케네디가 재임하는 동안에도 도대체 달에 어떻게 갈 것이냐, 가서 무엇을 할 것이냐, 달에서 돌멩이 하나 가져오는 것이 그렇게 중요하냐는 등의 비판이 쏟아졌다. 케네디가 암살당한 후 이런 비판 속에서도 아폴로 프로그램이 중단되지 않고 계속 진행된 이유는 미국이 우주 분야에서 구소련을 꺾는 것을 절체절명의 임무로 여겼기 때문이다. 또한 케네디 사망 당시 부통령이었던 린든 B. 존슨이 후임 대통령이 되어 케네디의 정치적 유산을 물려받은 것도 한몫했을 것이다. 케네디의 아폴로 프로그램은, 우주탐사는 최고 권력자가 확고한 의지를 갖고 강력하게 추진해야 비로소 가능해진다는 점을 잘 보여준다.

케네디 이후 우주탐사에 새로운 비전을 제시한 대통령은 조

ⓒNASA

이 연설에서 케네디는 미국이 우주 분야에서 지도적인 역할을 해야 할 시점이 왔고 반드시 '이 목적'을 달성해야 한다고 역설했다. 그 목적이란 1960년대 안에 달에 우주인을 착륙시킨 후 지구에 무사히 귀환시키는 것이었다.

지 W. 부시 전 대통령이다. 2004년 워싱턴 D. C.에 있는 나사 본부에서 부시 전 대통령은 나사에 새로운 임무를 요구했다. '미국 우주 프로그램의 새로운 길'이라는 이 임무는 크게 세 가지로 구성됐다.

첫째는 2010년까지 국제우주정거장을 완공하는 것이었다. 국제우주정거장은 다양한 실험을 하기 위해 우주에 띄운 거대한 과학실험실이다. 지구와 달리 중력이 없으며 각종 우주선cosmic ray이 쏟아지는 우주 공간은 인간의 건강에 큰 영향을 미친다. 하지만 우주에서 인체에 어떤 변화가 일어나는지는 그 누구도 정확히 알지 못한다. 이와 관련한 구체적인 실험을 진행한 적이 없기 때문이다. 국제우주정거장이라는 거대한 실험실은 우주 공간이 인체에 미치는 영향을 연구하는 데 최적의 공간이 될 것으로 예상됐다. 부시 전 대통령은 우주정거장이 완공되면 우주왕복선 프로그램은 종료할 것이라고도 말했다. 이 발언은 2003년에 일어난 우주왕복선 컬럼비아호 폭발사고와도 관련이 있다. 이 사고 때문에 미국 내에서는 우주왕복선 프로그램에 대한 비판적 여론이 거센 상황이었다.

둘째는 새로운 유인 우주선을 개발하는 것이었다. 당시 미국은 아폴로 우주선 이후 25년 가까이 새로운 유인 우주선을 개발하지 않고 있었다. 새로 개발될 우주선의 임무는 우주인을 지구 궤도 너머로 나르는 것이었다. 부시 전 대통령은 2008년까지 시험비행을 마치고 2014년까지 유인 우주선의 첫 번째 탐사를 실행한다는 계획을 세웠다.

셋째는 2020년까지 달에 사람을 보낸 다음 무사히 지구로 귀환시키는 것이었다. 부시 전 대통령은 이 일을 위해 2008년까지 무인 로버를 달에 보내도록 지시했다. 부시는 이 같은 탐사를 통해 달에서 자원을 캐고 우주인에게 필요한 연료나 산소를 얻을 수 있다고 말했다. 즉 달에 사람을 보내는 것만으로 만족하지 않고 달을 발판으로 새로운 우주탐사를 시작하겠다는 의미였다. 이 구상은 트럼프 행정부의 아르테미스 프로그램과 비슷하다. 즉 트럼프 행정부의 유인 달 탐사는 부시 행정부의 달 탐사 계획을 답습했다고 볼 수 있다.

하지만 부시의 우주계획은 그의 뒤를 이어 버락 오바마가 대통령으로 취임하면서 사실상 종료된다. 여러 이유가 있지만, 너무 많은 예산이 소요된다는 것이 가장 큰 이유였다. 이런 상황에서도 유인 우주선과 로켓을 개발하는 일은 꾸준히 진행되었다. 그 결과물이 바로 아르테미스 달 탐사 프로그램에 쓰일 오리온Orion 우주선과 스페이스 론치 시스템Space Launch System, SLS 로켓이다.

케네디, 부시, 오바마, 트럼프 행정부의 굵직굵직한 우주탐사 프로그램은 모두 대통령과 연관돼 있다. 천문학적인 예산을 쏟아부어야 하는 우주탐사 프로그램은 대통령의 강력한 지도력이 없으면 추진이 불가능하다. 대통령과 관련된 또 다른 이유, 어쩌면 가장 중요한 이유는 정치적 필요성 때문이다. 케네디 대통령은 구소련에 빼앗긴 우주개발 분야의 패권을 되찾기 위해 아폴로 프로그램을 시작했다. 부시와 트럼프도 마찬가지다.

아르테미스와 아폴로

그리스 신화에 나오는 열두 명의 신 가운데 한 명인 아폴로(아폴론)는 태양의 신으로 불린다. 그리스 신화를 보면 신들의 신 제우스가 아내인 헤라 여신 몰래 레토 여신과 사랑을 나눴는데, 레토가 쌍둥이를 임신했다. 이 쌍둥이 가운데 한 명이 아폴로고 다른 한 명이 아르테미스다. 신화에서 레토는 헤라가 질투하여 출산을 방해하자 아이를 낳지 못하고 진통만 계속하다가 제우스의 도움으로 간신히 아기를 낳는다. 먼저 아르테미스를 낳았고, 이후 아르테미스의 도움을 받아 아폴로를 낳았다고 한다.

2019년 5월 14일 짐 브라이든스타인 나사 국장은 미국의 새 유인 달 탐사 프로그램의 명칭을 아폴로의 쌍둥이 누이의 이름을 따 아르테미스로 정했다고 공식 발표했다. 1960년대 아폴로 프로그램이란 이름은 당시 나사 연구원이었던 에이브 실버스타인이 붙였다. 어느날 저녁 그의 머릿속에서 그리스 신화에 등장하는 아폴로가 마차를 끌고 태양 곁을 지나가는 웅장한 모습이 퍼뜩 떠올랐다고 한다. 여기서 영감을 얻어 유인 달 탐사 우주선의 이름을 아폴로라고 지은 것이다.

2024년에 실현될 예정인 나사의 유인 달 탐사 프로그램에 아르테미스Artemis라는 이름이 붙은 이유는 아르테미스가 아폴로와 쌍둥이 남매이기 때문만은 아니다. 이 달 탐사에서 인류 최초로 여성 우주인이 달에 발을 내딛기 때문이다. 아르테미스 프로그램은 인류가 여성 우주인을 달에 보내는 최초의 달 탐사이자 남성 우주인을 아폴로 프로그램에 이어 다시 보낸다는 점에서 'first woman, next men'으로도 불린다. 여성이 최초로 달 표면을 밟는다는 것은 그 자체로 의미가 크다. 특히 우주인, 과학자, 공학자 가운데 여성의 비율이 높아지고 나사 내에서 여성의 역할이 50년 전과는 비교할 수 없을 정도로 커졌다는 점을 상징적으로 보여준다는 점에서 남다른 의미가 있다.

50년 전 아폴로 프로그램 시절에 나사의 여성 직원들이 받은 부당한 대우는 영화 〈히든 피겨스Hidden Figures〉(2016)에 잘 그려져 있다. 2019년 6월 나사는 워싱턴 D.C.에 있는 나사 본부 앞 도로인 E 스트리트 SW 300E Street SW 300을 '히든 피겨스 웨이'로 부르겠다고 밝혔다. 1960년대 미국의 우주개발 프로그램에 공헌한 세 명의 흑인 여성을 기리기 위해서라고 한다.

50년 전의 아폴로 달 탐사와 2024년 수행 예정인 아르테미스 달 탐사는 여성 우주인의 참여 이외에도 근본적으로 다른 점이 있다. 트럼프 대통령은 미국 우선주의를 앞세우며 2024년 유인 달 탐사 행정명령에 서명했다. 그의 진짜 속내가 무엇인지는 알 수 없지만 다분히 정치적 의도가 깔려 있다는 점은 앞에서 설명했다.

1969년 닐 암스트롱과 버즈 올드린이 달 착륙선 이글Eagle을 타고 '고요의 바다'라는 곳에 착륙한 이래 아폴로 12호, 14호, 15호, 16호, 17호가 총 여섯 차례에 걸쳐 달에 착륙했다. 인류가 여섯 번이나 달에 사람을 보낸 일은 엄청난 성과지만, 달 전체를 살펴보면 인간의 발이 닿은 곳은 극히 일부 지역이다. 달은 여전히 미개척지며, 어떤 가능성을 품고 있을지 상상도 안 되는 곳이다. 2024년에 우주선이 착륙할 예정인 달의 남극 지역은 얼음이 상당히 많아 얼음 자원을 활용할 수 있을 것으로 기대된다. 2024년에 진행될 달 탐사는 이렇게 지속가능성을 염두에 두고 있다는 점에서 이전의 아폴로 달 탐사와 확연하게 다르다.

구소련의 스푸트니크 충격으로 촉발된 아폴로 프로그램의 최종 목적은 우주인을 달에 보내는 것 그 이상도 그 이하도 아니었다. 인간을 달에 보내 성조기를 꽂는 것이 지상 최대의 과제였으므로 인간이 계속 머물며 어떤 활동을 한다는 지속가능성의 개념이 아예 없었다. 미국은 아폴로 11호가 달에 착륙한 이후 13호를 제외한 17호까지 계속해서 우주인을 보냈지만 큰 틀에서 보면 목적은 거의 비슷했다. 그렇기 때문에 천문학적인 예산을 들여가며 왜 자꾸 달에 사람을 보내느냐는 비판적 여론에 취약할 수밖에 없었다. 그 결과 아폴로 프로그램은 1972년에 종료됐다.

이제 달에 우주인을 보내는 것 자체가 더는 목적이 될 수 없으므로 달을 발판으로 화성에 우주인을 보내겠다는 '달에서 화성으로' 개념이 등장한 것이다. 지구에서 사흘이면 도착하는 달과 10개월 이상 걸리는 화성에 무인 탐사선이나 로봇이 아닌 사람을 보내는 유인 탐사는 차원이 다르다. 1972년에 아폴로 프로그램이 공식 종료된 후 나사는 지금까지 많은 무인 탐사선과 로봇을 화성에 보냈지만 아직 인간은 보내지 못했다. 아무도 이루지 못한 유인 화성 탐사를 가능하게 만드는 전 단계 작업으로 달을 화성 탐사의 전진기지로 만들겠다는 구상은 2024년 아르테미스 프로그램의 핵심이다.

아르테미스와 아폴로 프로그램이 다른 점은 또 하나 있다. 바로 민간 우주기업이 참여한다는 점이다. 물론 아폴로 프로그램 때도 여러 민간 우주기업이 참여했다. 나사가 아폴로 우주선을 달로 보낼 때 사용한 로켓은 새턴 V[Saturn V]다. 이 로켓은 나사의 주관 아래 보잉, 노스아메리칸, 더글러스 에어크래프트 등의 민간기업이 만들었다. 아르테미스 탐사에서는 민간기업의 참여도가 훨씬 더 커졌다. 아르테미스 우주선을 달에 보낼 SLS 로켓은 나사가 주도하여 개발하고 있다. 그러나 나사는 이 로켓이 완성되기 전에 진행하는 초기 단계 아르테미스 임무에는 일론 머스크가 이끄는 스페이스엑스의 팰컨 로켓 등 민간 우주기업의 로켓을 사용하는 방안을 고려하고 있다.

나사 우주 로켓 발사의 핵심인 케네디우주센터의 변화에서도 비슷한 분위기를 확인할 수 있다. 케네디우주센터는 그동안 나사가 주관하는 로켓만을 발사해왔다. 하지만 최근에는 틀을 깨고 스페이스엑스가 자체 개발한 로켓을 발사할 수 있도록 발사장을 빌려줬다. 스페이스엑스는 2017년 2월 19일 처음으로 자사의 팰컨 9 로켓을 케네디우주센터 39A 발사장에서 쏘아 올렸다. 나사가 케네디우주센터의 민간 우주기업 입주를 사실상 허용한 이 일은 과거에는 상상도 할 수 없었다. 미국의 우주개발에 참여하는 민간기업의 수가 많아지고 연관성이 커지면서 보수적인 정부기관인 나사가 신생 민간 우주기업과 본격적으로 협력하기 시작한 것이다.

나사는 2024년 달에 사람을 보내기에 앞서 2020년에서 2021년 사이에 과학기술 장비를 먼저 실어 나를 예정이다. 로봇 착륙선이 달에 과학장비를 싣고 가 달의 방사선이나 자기장, 토양 환경 등을 측정하고, 유인 달 착륙선을 위한 착륙 기술을 시연하고 착륙지를 선정하는 등의 임무도 담당한다. 2018년 나사는 이 작업을 대신해줄 민간 로봇 착륙선 업체 세 곳을 선정했다. 나사가 계약한 금액은 각각 9,700만 달러, 7,950만 달러, 7,700만 달러 등 총 2억 5,350만 달러 규모다. 나사가 '달 화물 운송 서비스Commercial Lunar Payload Services, CLPS'라고 부르는 이 프로그램을 위해 계약한 민간업체는 오빗 비욘드Orbit Beyond, 아스트로보틱 테크놀로지Astrobotic Technology, 인투이티브 머신스Intuitive Machines다.

이들 업체가 달까지 가지고 갈 과학장비는 나사가 결정하겠지만, 나사는 놀랍게도 로봇 착륙선의 발사부터 운영에 이르는 모든 것을 민간업체에 위임했다. 이는 곧 나사가 앞으로 민간 우주기업의 참여를 적극적으로 받아들인다는 뜻으로 풀이할 수 있다. 나사 관계자도 로봇 착륙선은 달과 태양계, 그리고 그 너머에 있는 많은 과학적 수수께끼를 풀기 위한 새로운 민간 협업의 시작이라고 강조한 것에서 그 뜻을 확인할 수 있다. 이 말은 만약 이 업체들이 로봇 착륙선 운용에 성공한다면, 앞으로 달에 화물을 수송하는 민간 우주기업이 등장할 수 있고 이는 곧 새로운 산업으로 이어질 수 있다는 의미다.

달 화물 운송 서비스와는 별도로 나사는 국제우주정거장에 화물과 우주인을 운송할 민간 우주기업으로 스페이스엑스SpaceX와 방위산업체 노스럽 그러먼Northrop Grumman 등을 선정했다. 국제우주정거장이 됐든 달 표면이 됐든 나사가 민간 우주기업에 화물 운송을 위탁한다면 이는 양쪽 모두에 이득이 된다. 나사는 예산을 절약해 화성 탐사 등의 심우주탐사에 더 많은 돈과 시간을 투자할 수 있고, 민간 우주기업은 새로운 비즈니스를 창출할 수 있기 때문이다.

민간 우주기업의 등장과 새로운 비즈니스의 도래는 이 밖에도 여러 곳에서 목격된다. 나사가 2020년부터 국제우주정거장을 일반인에게 개방하기로 한 것이 좋은 예다. 나사의 계획을 살펴보면 우주정거장 숙박료는 1인당 1박에 3만 5,000달러, 우리 돈으로 4,300만 원이며 인터넷을 쓰려면 1기가바이트당 50달러를 추가로 내면 된다. 나사는 1년에 두 차례, 한 번에 최대 30일까지만 방문을 허용할 계획인데, 한 번에 최대 여섯 명이 우주정거장에 머물 수 있는 점을 고려하면 연간 최대 12명이 방문할 수 있다. 우주정거장을 오가는 왕복 비용은 6,000만 달러로 우리 돈 약 740억 원이다. 현재 스페이스엑스가 국제우주정거장에 독점으로 화물 운송을 하고 있다는 점과 앞으로 나사와 계약한 민간기업이 수수료 명목으로 금액을 인상할 예정임을 고려하면 실제 여행 비용은 더 커질 것이다.

앞으로는 지금은 상상할 수도 없는 다양한 형태의 우주관광 상품이 출시될 것이다. 이 지점에서 떠오르는 한 사람이 바로 트럼프 대통령이다. 부동산 재벌 출신인 트럼프 대통령은 익히 알려진 대로 철저한 사업가다. 그런 그가 달 탐사 프로그램을 재개하겠다고 선언한 배경에는 정치적 목적 외에 상업적 목적도 있을 것이란 예상이 자연스럽게 나온다. 트럼프 대통령이 무리하게 우주 비즈니스를 주도한다고 볼 수는 없지만, 상업화가 우주개발의 한 축이 되고 있는 시대의 흐름에 상당 부분 영향을 받을 것이다.

즉 아르테미스 프로그램이 아폴로 프로그램과 달리 우주 상업화를 앞당기는 결정적인 계기가 될 것이라는 점은 의심의 여지가 없다.

달 우주정거장 게이트웨이

아르테미스 프로그램을 위해 나사는 SLS 로켓과 오리온 우주선, 달 착륙선 등을 준비하고 있다. 그런데 이와 함께 한 가지 더 중요한 것을 계획하고 있다. 달 궤도를 도는 우주선인 달 궤도 게이트웨이Lunar Orbital Platform Gateway다.

게이트웨이는 현재 우주에 있는 국제우주정거장보다 아주 작아서 '미니 우주정거장'이라고도 불린다. 비록 크기는 작지만 역할까지 작은 것은 아니다. 게이트웨이는 아르테미스 달 탐사의 지속가능성을 책임지는 핵심 장비다. '달에서 화성으로'라는 개념도 게이트웨이가 있어야 실현될 것이다.

아르테미스 프로그램의 시나리오는 다음과 같다. 2020년 6월 SLS 로켓에 실린 오리온 우주선이 첫 번째 무인 임무 아르테미스 1을 수행하기 위해 케네디우주센터 39B 발사장에서 발사된다. 오리온은 6일 동안 달 주위를 돌며 임무를 수행하는 기간을 포함해 대략 3주 동안 우주에 머문다. 우주인이 직접 오리온 우주선에 탑

달 궤도 게이트웨이

ⓒNASA

게이트웨이는 현재 우주에 있는
국제우주정거장과 비교해 크기가 아주 작아
'미니 우주정거장'이라고도 불린다.

승하는 비행은 2023년으로 예정돼 있다. 아르테미스 2로 명명된 이 임무에서 오리온 우주선은 달 근접 비행과 지구 귀환 임무를 수행한다. 아르테미스 3 임무는 2024년으로 예정됐으며, 이 임무가 바로 게이트웨이를 활용하는 유인 달 탐사 프로그램이다.

SLS 로켓에 실린 오리온 우주선은 지구에서 출발해 약 40만 킬로미터 떨어진 달 궤도를 돌고 있는 게이트웨이까지 간다. 우주인들은 게이트웨이에서 달 착륙선으로 갈아탄 뒤 달에 착륙한다. 우주인들이 달에서 성공적으로 임무를 수행하면 이들의 지구 귀환이 역순으로 진행된다. 달 착륙선을 타고 게이트웨이까지 간 다음 게이트웨이에서 오리온 우주선으로 갈아탄 뒤 지구로 향한다. 지구 대기권에 진입한 오리온 우주선은 낙하산을 펼치고 대서양에 착륙한다. 우주인들은 주변에서 기다리는 미 해군의 도움을 받아 무사히 육지로 귀환한다. 아르테미스의 달 탐사 여정은 중간에 게이트웨이가 있는 것만 빼고는 아폴로 프로그램과 비슷하다.

아폴로 우주선은 새턴 V 로켓에 실려 우주로 발사됐다. 이 우주선은 크게 사령선command-service module과 달 착륙선으로 구성됐다. 1969년 마이클 콜린스, 닐 암스트롱과 버즈 올드린이 탄 아폴로 우주선은 달 궤도에 이른 후 달 착륙선과 사령선으로 분리되었다. 그리고 암스트롱과 올드린이 탄 달 착륙선이 고요의 바다에 착륙했다. 달 표면에서 임무를 완수한 두 우주인은 다시 착륙선에 탑승한 후 달 궤도에 있던 사령선과 도킹하고 사령선으로 이동했다.

그리고 우주인들은 지구로 향했다. 오리온 우주선 역시 크게 두 부분으로 나뉘는데, 우주인이 탑승해 조종하는 사령선 모듈과 연료와 추진제를 공급하는 서비스 모듈(기계선 모듈)이다. 아폴로와는 달리 오리온에는 달 착륙선이 없다.

아르테미스 프로그램과 아폴로 프로그램을 비교하면 아폴로 임무처럼 지구에서 달까지 오리온 우주선을 타고 직접 가는 쪽이 쉽고 편하겠다는 의문이 든다. 왜 중간에 게이트웨이를 거칠까? 게이트웨이를 달 궤도에 건설하는 것 자체도 보통 일이 아닌데, 이런 번거로운 작업을 왜 할까? 이 질문에 대한 답이 아르테미스 프로그램의 근본적인 성격을 보여준다.

앞에서도 설명했지만, 아르테미스 프로그램이 아폴로 프로그램과 크게 다른 점 가운데 하나가 지속가능성이다. 달 표면에 인간을 보내고 끝내는 것이 아니라 달을 전진기지로 심우주탐사에 나서겠다는 것이다. 게이트웨이는 그 중간 거점이자 심우주탐사의 플랫폼이다.

이런 상상을 해보자. 재사용이 가능한 달 착륙선이 있다. 우주인들은 이 착륙선으로 게이트웨이와 달을 자유롭게 오갈 수 있다. 지구에 있는 공항에서 비행기가 이륙하고 착륙하는 것과 똑같다. 게이트웨이에서 우주탐사에 필요한 연료와 식량을 채워 넣고 달이든 화성이든 화성 너머 또 다른 행성이든 인류가 가고자 하는 우주를 향해 힘차게 출발하는 것이다.

아직 먼 미래의 일이지만, 달에서 출발하면 지구에서 출발하는 것과 비교해 몇 가지 장점이 있는데 가장 큰 장점은 무게와 연료다. 지구에서 출발하는 것보다 연료가 적게 들기 때문에 크기가 같은 로켓에 더 많은 화물을 실을 수 있다. 필요한 과학장비를 한 개라도 더 실을 수 있고, 우주인을 한 명이라도 더 태울 수 있다.

달에서 출발하면 또 다른 장점이 있다. 이런 상상을 해보자. 지구에서 달까지 갈 수 있을 만큼만 연료를 실은 대형 로켓을 발사한다. 그런 만큼 더 많은 장비를 싣고, 더 많은 인원이 탑승할 수 있다. 이후 달에서 화성까지 가는 데 필요한 연료를 주입한다. 연료로는 달의 얼음에서 얻은 수소를 활용할 것이다. 공상과학영화 같다고? 하지만 이런 상상이 언젠가는 현실이 될 수 있다. 물론 이 밖에도 달을 활용하는 다양한 방안이 있다.

이제 게이트웨이에 관해 좀 더 자세히 살펴보자. 게이트웨이는 달 궤도를 도는 일종의 우주정거장이다. 지구 상공에 있는 국제우주정거장과 비교하면 크기가 매우 작다. 국제우주정거장이 방 여섯 개짜리 집이라면 게이트웨이는 원룸 정도다. 공간이 좁기 때문에 게이트웨이에서는 우주인이 한 번에 3개월까지만 거주할 수 있다. 크기는 작아도 우주인이 거주할 수 있으니 일종의 호텔 역할을 한다고 볼 수 있다. 우주인들은 이곳에서 과학실험을 하거나 달 표면까지 여행을 갈 수 있다. 물론 사람이 아닌 로봇이 과학적 임무를 수행하거나 게이트웨이 밖에서 작업할 수도 있다. 로봇

이 수집한 자료들은 자동으로 지구로 전송된다.

게이트웨이는 달 주위를 돌기 때문에 여러모로 우주탐사에 도움이 된다. 게이트웨이에 있는 우주인들이 달의 어느 곳에든 쉽게 착륙할 수 있기 때문이다. 지구에서는 달의 앞면만 보이기 때문에 달의 뒷면과는 통신을 할 수 없다. 지금으로서는 달의 뒷면에 착륙하려면 별도의 통신위성을 띄워야 한다. 중국도 창어 4호를 달 뒷면에 보내 무인 로버를 착륙시킬 때 지상 기지국과 통신하기 위해 별도의 통신위성을 쏘아 올렸다. 하지만 게이트웨이가 달을 돌고 있다면 별도의 통신위성을 띄우지 않아도 된다. 게이트웨이가 통신위성 역할을 하기 때문이다.

그렇다면 여러모로 장점이 많은 이 게이트웨이를 어떻게 만들지 궁금할 것이다. 원리는 간단하다. 우주선의 특정 기능을 담당하는 모듈들을 하나씩 쏘아 올린 뒤 우주 공간에서 레고처럼 조립하는 것이다. 국제우주정거장도 이 방법으로 건설됐다. 나사의 예측에 따르면 게이트웨이 건설에 필요한 모든 모듈을 우주로 보내려면 로켓을 5~6회 정도 쏘아 올려야 한다. 국제우주정거장을 건립할 때는 로켓을 34번이나 발사했다. 주요 이동수단으로는 SLS 로켓과 오리온 우주선을 사용할 것이다.

나사는 2022년 게이트웨이의 첫 번째 모듈인 동력 추진 모듈을 발사할 계획이다. 이 모듈이 우주 공간에서 성공적으로 테스트를 마치면 두 명의 우주인이 게이트웨이에 거주하면서 과학실험을 할 것이다. 2024년이 되면 우주인이 직접 게이트웨이에서 달에 착륙할 것이다. 나사는 이후 매년 추가 모듈과 우주인을 게이트웨이에 보내 2028년까지 공사를 끝마칠 예정이다.

지금까지 살펴본 바와 같이 게이트웨이는 지속가능한 달 탐사가 목표인 아르테미스 프로그램에 매우 중요하다. 그런데 어떤 일이든 완성되려면 시간과 돈이 필요하다. 게이트웨이도 예외가 아니다. 2020년 3월 나사 과학 자문위원회에서 나사의 고위 인사 더글러스 로베로는 2024년 유인 달 탐사에서 게이트웨이를 제외할 수도 있다고 언급했다. 로베로에 따르면 나사가 2024년으로 예정된 유인 달 착륙에 성공하려면 위험 요소를 줄여야 하는데, 게이트웨이 건설을 유인 달 착륙과 동시에 추진하면 위험 요소가 높아질 수 있기 때문이다. 따라서 게이트웨이 건설은 별도로 추진하며 2024년 유인 달 착륙에는 활용하지 않겠다는 것이다.

물론 이 발언은 로베로의 의견일 뿐 나사의 공식 발표는 아니다. 만약 게이트웨이를 2024년 유인 달 착륙에 활용하지 않는다면 우주인들은 어떤 방법으로 달에 착륙할까? 이와 관련해서 나사는 아직 명확하게 설명하지는 않고 있다. 다만 전문가들은 과거의 아폴로 달 탐사처럼 오리온 우주선과 달 착륙선을 지구에서 함께 쏘아 올리는 방안이 유력하다고 보고 있다.

이 흥미진진한 게이트웨이 건립에는 유럽 우주청ESA, 일본 우주청JAXA, 러시아 연방 우주청Roskosmos, 캐나다 우주청Canadian Space

Agency 등이 참여할 것으로 예상된다. 이들은 모두 국제우주정거장을 만들 때 나사와 함께한 기관들이어서 왕년의 회원들이 다시 뭉칠 가능성이 크다. 그럴 수밖에 없는 것이, 이들 국가는 저마다 다른 곳에서는 찾을 수 없는 장기가 있다. 예를 들어 캐나다 우주청은 우주탐사에 필요한 거의 모든 로봇 팔을 전담해서 만드는 것으로 유명하다. 우주정거장과 우주왕복선에 부착된 로봇 팔도 캐나다 우주청이 만들었다. 게이트웨이에 필요한 로봇 팔도 캐나다 우주청이 제작할 예정이다.

우리나라는 어떨까? 한국도 게이트웨이 건립에 참여하겠다는 의사를 밝혔지만, 아직 나사로부터 긍정적인 답변을 듣지 못했다. 앞의 국가들과 다르게 한국은 우주 분야에서 강점을 띠는 분야가 아직 없기 때문이다. 그런데 문제는 만약 게이트웨이 건립에 참여하지 못하면 한국은 우주 선진국으로 도약할 수 있는 절호의 기회를 놓칠 수도 있다는 점이다. 따라서 이번 게이트웨이 건립에 어떻게든 참여하는 것이 중요하지만 쉬운 일이 아니다.

그렇다고 해서 비관할 필요는 없다. 아르테미스 프로그램의 달 착륙 일정이 애초 2028년에서 2024년으로 4년이나 앞당겨지면서 나사가 다른 나라들의 협력을 적극적으로 구하고 있기 때문이다. 우리나라로서는 이전보다 참여할 수 있는 여건이 더 좋아진 것이다. 여기서 정부의 역할이 중요한데, 이에 관해서는 뒤에서 좀 더 자세히 알아보겠다.

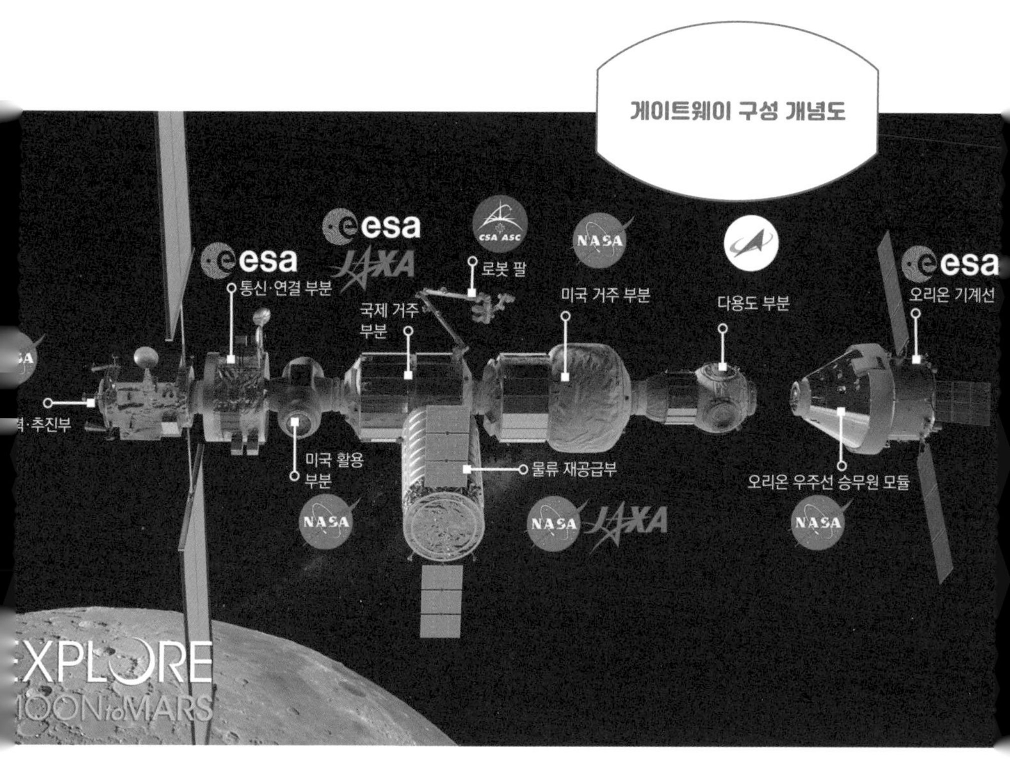

©NASA

게이트웨이는 우주인이 거주할 수 있어서
일종의 호텔 역할을 한다.
우주인들은 이곳에서 과학실험을 하거나
달 표면까지 여행을 갈 수 있다.

민간 우주기업들과 손잡은 나사

1969년에 아폴로 11호가 달에 착륙한 목적은 오로지 하나였다. 우주개발 분야에서 구소련에 뒤진 미국의 패권을 확립하는 것이었다. 그렇기에 원래 아폴로 프로그램은 한 차례의 유인 달 탐사로 끝마쳐도 되는 프로그램이었다. 하지만 이 프로그램은 다섯 차례나 더 달 착륙을 시도했고 모두 열두 명의 우주인이 달에 착륙했다. 아폴로 프로그램이 끝난 다음 나사의 목표는 국제우주정거장과 우주왕복선으로 집중됐다. 그런데 2011년에 모든 우주왕복선이 공식적으로 퇴역하면서 나사는 중대한 변화의 갈림길에 섰다.

2011년까지 나사는 미국의 모든 로켓 발사를 주관했고, 주요 발사장은 플로리다주 메리트섬에 있는 케네디우주센터로 한정되었다. 아폴로 11호도 케네디우주센터를 대표하는 LC-39A Launch Complex-39A 발사장에서 발사됐다. 그런데 2011년에 우주왕복선 프로그램이 끝나면서 39A 발사장에선 더이상 로켓이 발사되지 않았다. 이는 케네디우주센터만 놓고 봐도 큰 문제고, 나사 전체로 봐도 작은 문제가 아니었다. 이 문제를 해결하기 위해 나사는 민간 우주기업과 협업하는 길을 택했다. 현재 39A 발사장은 민간 우주기업 스페이스엑스가 임차해 사용하고 있다. 스페이스엑스는 나사와 국제우주정거장 화물 운송 위탁계약을 맺고 국

아폴로 50주년 특집 기사 취재를 위해 나사 케네디우주센터를 방문해 톰 엥글러 케네디 우주센터 기획국장에게 설명을 듣고 있는 필자. ©이성규

제우주정거장에 화물을 수송하고 있다. 스페이스엑스가 국제우주정거장에 보내는 것은 화물만이 아니다. 2020년 5월 31일에는 2011년 우주왕복선 프로그램 폐기 이후 처음으로 미국 땅에서 미국 우주인을 미국 로켓에 실어 국제우주정거장으로 보내는 데 성공했다.

케네디우주센터를 대표하는 39A 발사장을 민간 우주기업인 스페이스엑스가 사용하는 현실은 나사의 우주개발 정책이 변했다는 의미다. 그동안 39A 발사장은 민간기업이 사용할 수 없었기 때문이다. 이는 미국의 우주개발 정책이 나사 중심에서 나사와 민간 우주기업의 협업으로 전환되고 있음을 보여준다. 물론 여전히 미국 우주개발의 주체가 나사라는 점에는 변화가 없지만 로켓 발사는 나사가 하는 수많은 일 가운데 일부에 지나지 않는다.

스페이스엑스 같은 민간기업이 우주개발에 참여하면 나사와 이 기업들 모두에 이득이다. 나사가 국제우주정거장 화물 운송처럼 민간기업에 위탁할 수 있는 일을 맡기면 기업은 이를 통해 돈을 벌 수 있고, 나사는 민간이 투자하기 어려운 화성 탐사 등의 심우주탐사에 더 집중할 수 있다. 정부(나사)와 민간의 영역을 구분해 민관이 함께 발전하는 새로운 우주개발 방식이라고 할 수 있다.

39A 발사장과 더불어 나사를 대표하는 발사장인 39B 발사장은 여전히 나사 전용이다. 하지만 2009년 아레스 로켓Ares I-X 발사를 마지막으로 이 발사장에서는 로켓을 발사하지 않고 있다. 현재 39B 발사장은 한창 공사를 진행하고 있다. 나사의 차세대 로켓인 SLS 발사를 위해서다. 따라서 2021년 예정인 SLS 로켓 발사 때까지 이곳에서 로켓을 발사할 일은 없다. 그동안 39A 발사장은 스페이스엑스가 이용할 것이다. 결국 나사의 39A 발사장은 민간 전용, 39B 발사장은 나사 전용이 된 셈이다.

케네디우주센터를 대표하는 두 발사장인 39A와 39B. 한 곳에선 민간 우주기업 스페이스엑스의 팰컨Falcon 로켓이, 또 다른 곳에선 나사의 차세대 로켓 SLS가 화려한 비상을 준비하고 있다.

SLS 로켓 발사를 위해 한창 공사를 진행하고 있는 LC-39B 발사장을 취재하고 있는 필자. ©이성규

이뿐만이 아니다. 케네디우주센터를 상징하는 조립동Vehicle Assembly Building, VAB 옆 건물은 또 다른 민간 우주기업 보잉이 임차해 사용하고 있다. VAB는 케네디우주센터를 상징하는 아이콘 같은 건물로 로켓과 발사대 등이 발사에 앞서 이곳에서 조립된다. 또 케네디우주센터 입구 옆 건물에는 아마존의 CEO 제프 베조스가 세운 민간 우주기업 블루 오리진Blue Origin이 있다.

현재 케네디우주센터는 스페이스엑스, 보잉, 블루 오리진, 록히드 마틴 등과 상업용 우주개발을 위해 협업하고 있다. 이들 민간 우주기업의 참여는 장차 우주에서 돈을 버는 우주 비즈니스 시대가 열리고 있음을 잘 보여준다. 아르테미스 프로그램은 단순히 달에 다시 우주인을 보내는 차원을 넘어 민간 우주기업이 대대적으로 참여함으로써 관련 산업을 발전시키고 새로운 상업 모델을 앞당길 것이다.

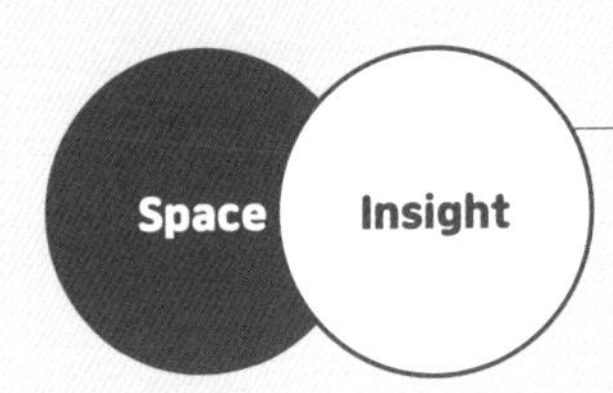

도킹과 랑데부

1960년대에 나사의 과학자들은 아폴로 우주선을 어떤 방식으로 달에 보내는 것이 가장 효율적인지를 놓고 고민에 빠졌다. 가장 먼저 고려한 사항은 비용을 낮추면서 달에 착륙한 우주인을 지구로 안전하게 귀환시키는 방법이었다. 당시 나사의 과학자들은 네 가지 방안을 두고 고민에 고민을 거듭했다.

첫 번째는 달 궤도 랑데부 방식이다. 아폴로 우주선은 사령선 모듈과 달 착륙선 모듈로 구성됐다. 달 궤도 랑데부 방식에 따르면 아폴로 우주선이 달 궤도에 도달하면 사령선 모듈은 달 궤도에 남아 있고, 달 착륙선 모듈이 사령선 모듈에서 분리돼 달에 착륙한다. 이후 달에서 모든 임무를 완수하면 2단으로 구성된 달 착륙선 모듈 가운데 하나는 버리고 나머지 하나만 달 표면에서 이륙해 달 궤도에 있는 사령선 모듈과 도킹한다. 이렇게 하는 이유는 달 표면에서 이륙할 때 무게를 줄이기 위해서다. 달 착륙선 모듈과 사령선 모듈이 도킹하면 우주인들은 사령선 모듈로 옮겨 타고 달 착륙선 모듈을 버린 후 지구로 귀환한다.

두 번째는 직접 이륙 방식이다. 이 방법은 우주선이 중간 거점 없이 달 표면까지 곧바로 가는 방식이다. 달까지 직접 가야 하므로 새턴 V 로켓보다 더 강력한 새턴 C-8 로켓이 개발된다는 것이 전제조건이었다.

세 번째는 지구 궤도 랑데 방식이다. 직접 달에 착륙하는 우주선을 몇 개 모듈로 나눠 여러 개의 로켓에 따로따로 실어 발사한 다음 지구 궤도에서 하나의 우주선으로 조립해 달까지 가는 방식이다.

네 번째는 달 표면 랑데부 방식이다. 이 방식은 두 개의 우주선을 연이어 달 표면에 착륙시키는데, 하나는 무인 우주선이고 다른 하나는 우주인이 탑승한 유인 우주선이다. 무인 우주선은 지구로 귀환할 때 쓸 추진제(연료+산화제)를 싣고 있다. 달 표면에 착륙해 임무를 마친 우주인들은 무인 우주선으로부터 추진제를 옮겨 와 지구로 귀환한다.

1961년 초반 나사 관계자들은 이 네 가지 방법 가운데 직접 이륙 방식을 가장 선호했다. 많은 과학자가 우주에서 랑데부하는 방식에 일종의 공포를 느꼈다고 한다. 더구나 지구 궤도도 아닌 달 궤도에서는 우주선 랑데부가 극히 어려울 것으로 예측됐다. 그런데 많은 우여곡절 끝에 결국 채택된 방법은 첫 번째 달 궤도 랑데부였다. 이 방식이 아니어도 미국은 달에 우주인을 착륙시킬 수 있었겠지만, 케네디 대통령이 못 박은 1960년대에는 불가능했을 것이라고 한다.

달 궤도 랑데부 방식의 장점 가운데 하나는 달 착륙선 모듈이 긴급 상황에서 일종의 '구명선'으로 쓰일 수 있다는 점이다. 사령선 모듈이 불의의 사고로 고장 날 경우 우주인들이 달 착륙선 모듈을 이용해 지구로 긴급 귀환할 수 있기 때문이다. 실제로 이와 비슷한 일이 1970년 발사된 아폴로 13호에서 발생했다. 아폴로 13호가 달로 가던 중 사령선의 산소 탱크가 폭발해 전기가 끊겼다. 우주인 모두가 우주 미아가 될 뻔한 끔찍한 사고였지만, 아폴로 13호는 달 착륙선 모듈의 전기와 추진제를 이용해 지구로 무사히 귀환할 수 있었다. 이 내용은 론 하워드가 감독하고 톰 행크스가 주연한 영화 〈아폴로 13 Apollo 13〉(1995)으로도 만들어졌다.

아폴로 프로그램은 인류 최초로 달에 우주인을 보냈다는 상징성도 있지만, 최초로 우주에서 우주선 모듈끼리 랑데부를 시도했다는 점에서도 의미가 크다. 우주선 모듈의 도킹은 달 궤도에서 이루어진 아폴로 11호의 랑데부 외에 한 차례 더 있었다.

아폴로 우주선의 주요 볼거리 가운데 하나인 이 과정을 설명

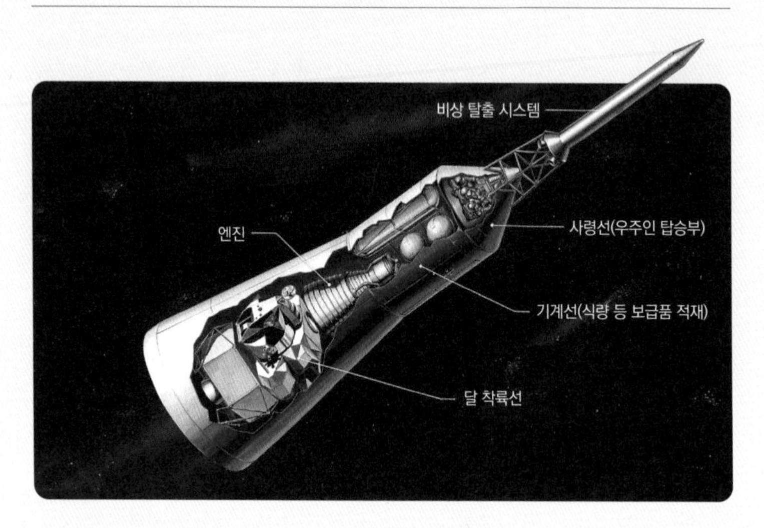

아폴로 우주선 ©NASA

하면 다음과 같다. 사령선 모듈과 달 착륙선 모듈로 구성된 아폴로 우주선이 지구에서 발사될 때는 두 모듈이 도킹한 상태가 아니고 따로 떨어져 있다. 아폴로 우주선을 보면 달 착륙선이 아래에 있고 그 위에 사령선이 있는 형태로 새턴 V 로켓에 장착돼 있다. 그런데 우주 공간에서는 사령선이 앞의 뾰족한 부분에 달 착륙선을 달고 간다. 말하자면 처음부터 사령선과 착륙선이 도킹한 상태로 발사되기 위해서는 사령선이 아래에 있고 착륙선이 그 위에 도킹한 상태여야 한다는 얘기다. 그런데 현실적으로 이는 불가능했다.

이유는 간단하다. 아폴로 우주선을 비롯해 모든 우주선은 비상 탈출 시스템을 우주선 맨 앞부분에 장착한 상태에서 발사된다. 비상 탈출 시스템은 긴급 상황이 발생할 때 사령선 모듈을 강력하게 로켓에서 분리해내는 일종의 사출 장치다. 비상 탈출 시스템이 없으면 위급한 상황에서 안타까운 인명피해가 생길 수 있기 때문에 우주선에 반드시 장착해야 한다. 우주선이 우주 공간에 진입해 안정적으로 비행하기 시작하면 비상 탈출 시스템은 자동으로 폐기된다. 사령선이 아래쪽에 있고 착륙선이 위쪽에 있는 형태로 로켓에 장착하면 비상 탈출 시스템을 작동할 수 없으므로 아폴로 우주선은 달 착륙선이 아래에, 사령선이 그 위에 있는 형태로 새턴V에 장착됐다. 그럼 어떻게 사령선과 착륙선의 위치가 바뀔까?

일단 우주에 진입한 후에는 사령선 모듈이 먼저 새턴V 로켓에서 분리되고 180도 회전한다. 그러면 사령선 모듈의 뾰족한 부분이 새턴V 로켓을 향한다. 180도 방향이 바뀐 사령선 모듈은 착륙선 모듈과 도킹하고, 그 상태로 착륙선 모듈을 새턴V 로켓에서 꺼낸다. 이렇게 착륙선-사령선 형태로 도킹한 상태에서 다시 180도 회전하면 사령선-착륙선 형태가 되어 달 궤도까지 비행한다. 도킹과 랑데부는 쉽지 않은 기술이지만 아폴로 11호가 성공시키면서 우주인을 지구까지 무사 귀환시키기 위한 최선책으로 빛을 발했다.

오리온 우주선은 아폴로 우주선과 달리 도킹이나 랑데부 과정을 거치지 않는다. 최대 네 명까지 탑승할 수 있는 오리온 우주선의 핵심 임무는 달 궤도의 미니 우주정거장인 게이트웨이까지 우주인을 수송하는 것이다. 게이트웨이에 도착한 우주인들은 여기서 달 착륙선으로 갈아타고 달 착륙을 시도한다.

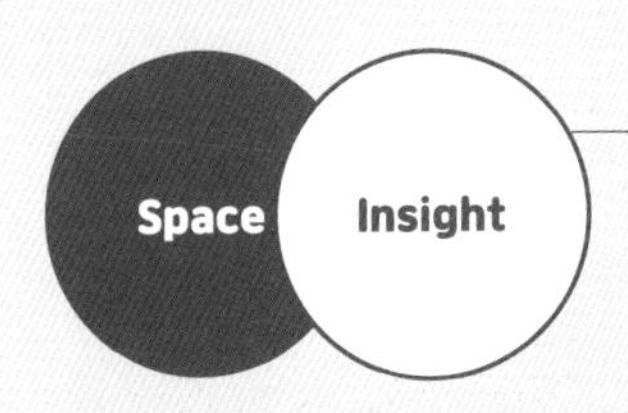

국제우주정거장과 우주왕복선

국제우주정거장

미국은 1980년대에 프리덤Freedom 우주정거장을 건설하려 했으나 우주왕복선 챌린저가 폭발하는 사건이 일어나자 이 계획을 취소했다. 1993년에는 러시아와 유럽의 몇 나라, 일본, 캐나다 등 15개국이 참여하여 알파Alpha 우주정거장을 구축하자고 제안했지만 이 역시 무산됐다.

우여곡절 끝에 1998년 미국과 러시아, 일본, 유럽연합, 캐나다 등이 공동으로 참여하는 국제우주정거장International Space Station, ISS 사업이 발족했다. 축구장 정도 크기의 대형 과학실험실을 우주에 띄우겠다는 것이 목표였다. 러시아는 국제우주정거장의 첫 번째 모듈인 자랴Zarya를 프로톤 로켓에 실어 1998년 11월 20일 발사했고, 2주 후 나사는 우주왕복선 엔데버에 유니티Unity 모듈*을

* 유니티 모듈은 국제우주정거장에서 미국 파트와 러시아 파트를 연결해주는 장치다. 미국 우주인과 러시아 우주인은 각자의 파트에서 생활하지만, 유니티 모듈에서 함께 식사할 수도 있다.

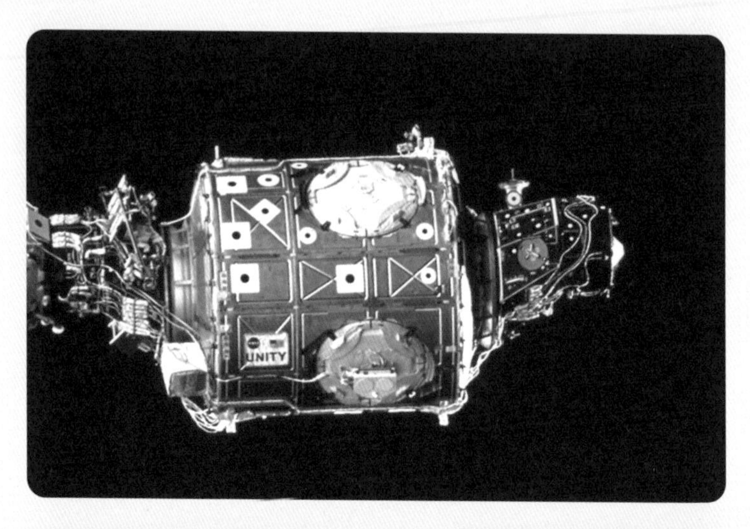

국제우주정거장의 유니티 모듈 ©Wikimedia Commons

실어 발사했다. 유니티 모듈은 우주인들의 우주유영(선외 활동Extra-vehicular activity, EVA의 일종)을 통해 자랴 모듈과 결합했다. 이후에도 계속해서 모듈이 추가로 발사되었고 국제우주정거장은 2010년에 현재와 같은 모습을 갖추게 됐다. 국제우주정거장은 살류트와 미르, 스카이랩 등에 이어 공식적으로 아홉 번째로 우주인이 거주할 수 있는 정거장으로 기록되었다. 국제우주정거장은 약 92분마다 한 번씩, 하루 평균 15.5회 지구를 공전한다.

여러 우주선이 국제우주정거장에 화물과 우주인을 수송하기 위해 왕복하고 있는데, 러시아의 소유스Soyuz와 프로그레스Progress, 미국의 드래건Dragon과 시그너스Cygnus, 일본의 H-2 트랜스퍼 비히클Transfer Vehicle 등이 있다. 미국은 원래 우주왕복선을 우주정거장용 화물과 우주인 수송에 이용했지만, 2011년 우주왕복선 프로그램이 공식 종료되면서 민간기업에 관련 업무를 위탁했다. 이에 따라 현재 스페이스엑스가 팰컨 9 로켓에 드래건 우주선을 실어 발사하며, 노스럽 그러먼도 자사의 로켓 안타레스Antares에 시그너스 우주선을 장착해 발사하고 있다.

2000년 우주인이 소유스를 타고 국제우주정거장에 처음 도착한 이래 2019년 3월 기준으로 18개 국가에서 온 236명이 정거장을 방문했다. 한국 최초의 우주인인 이소연 씨도 2008년 4월 소유스 TMA-12 우주선을 타고 국제우주정거장에 157번째로 방문해 10일가량 머물렀다.

국제우주정거장은 몇 가지 괄목할 만한 의미를 남겼다. 대표적인 것은 과학 분야에서 국제 협력을 실현했다는 점이다. 국제우주정거장은 참여 국가들이 제공한 모듈들을 결합하는 방식으로 건립됐다. 이 각각의 모듈과 조립이 곧 국제 협력을 상징한다.

또 하나 중요한 점은 미래에 달이나 화성에 인류가 거주할 때를 대비한 사전 실험의 성격을 띤 과학실험을 가능하게 해줬다는 점이다. 예를 들어 유인 화성 탐사는 3일이면 도달하는 달과는 달리 현재 기술로 최소 10개월이 걸리는 장기간의 비행이 필요하다. 이 기간 동안 우주선에 탑승한 우주인을 우주방사선으로부터 안전하게 보호하는 과학적 방법을 발견하지 못하면 유인 화성 탐사는 불가능하다.

그런데 현재 국제우주정거장은 사실상 폐업 절차를 밟고 있다. 트럼프 대통령은 2025년까지 국제우주정거장 예산을 없애겠다고 밝혔다. 또한 지금까지 국제우주정거장의 상업적 사용을 금지해온 나사는 2020년부터 일반인들이 방문하여 우주를 체험할 수 있도록 허용할 예정이다. 우주관광객 모집과 우주비행에 관한 훈련 등은 민간기업이 맡을 예정이다. 이를 위해 나사는 스페이스엑스와 보잉을 협력사로 선정했다. 미국은 국제우주정거장을 우주관광의 전초기지로 삼고, 새로 건설할 달 궤도 게이트웨이에 집중할 예정이다.

우주왕복선

우주왕복선Space shuttle은 쉽게 말해 지구와 우주정거장을 오가는 일종의 우주버스다. 나사는 1981년부터 2011년까지 우주왕복선을 운용했는데, 이 프로그램의 공식적인 이름은 우주 교통 시스템Space Transportation System이다. 그런데 우주왕복선을 단 한 번만 사용하고 폐기하면 경제성이 너무 낮다. 그래서 생각해낸 방법이 우주왕복선을 재활용하는 것이었다. 당시에는 지금과 같은 로켓 재활용 기술이 없었기 때문에 왕복선에 사용된 로켓을 재활용하지는 못했고, 우주인이 탑승하는 우주선을 재활용했다.

이 우주선을 공식적으로 궤도선Orbital Vehicle, orbiter이라고 부른다. 우주왕복선은 크게 궤도선과 이 궤도선을 지구 밖으로 쏘아 올리는 고체 로켓 부스터solid rocket boosters, 연료와 산화제를 담은 연료 탱크external tank로 구성됐다. 우주왕복선의 사진을 보면 비행기처럼 생긴 것이 궤도선이며, 궤도선 바로 아래에 있는 원통 모

보잉 747기를 개조한 수송기에 실려 운반되는 우주왕복선 컬럼비아호.

양의 큰 통이 연료 탱크, 연료 탱크 양옆의 로켓이 고체 로켓 부스터다. 양옆의 부스터를 일반 로켓처럼 사용하는 우주왕복선은 다른 로켓과 마찬가지로 지상에서 이륙할 때는 수직으로 치솟는다. 이후 목표 궤도에 무사히 도달하면 부스터가 떨어져 나간다. 이후 궤도선의 자체 엔진으로 정거장으로 향하면 연료 탱크도 떨어져 나간다. 우주정거장에서 임무를 완수한 궤도선은 지구 귀환에 나선다. 지구 대기권을 통과한 궤도선은 보통 케네디우주센터의 셔틀 착륙 시설에 비행기처럼 사뿐히 착륙한다. 만약 우주선이 케네디우주센터가 아닌 캘리포니아 에드워드 공군기지에 착륙하면 기술자들이 보잉 747기를 개조한 궤도선 수송기에 실어 다시 케네디우주센터로 보낸다. 한마디로 우주왕복선은 로켓처럼 이륙해서 비행기처럼 착륙했다. 우주왕복선의 이 같은 비행은 지금 생각해도 멋지다.

우주인 수송뿐 아니라 위성 발사와 허블우주망원경 발사, 우주정거장 건설 등에 투입된 우주왕복선은 모두 다섯 기가 운영됐으며, 135번의 왕복 임무를 수행했다. 시간으로 따지면 1,322일, 19시간 21분 23초에 해당한다. 첫 번째로 개발된 우주왕복선은 엔터프라이즈Enterprise로 1976년 제작됐지만 시험비행에만 사용됐다. 실제 왕복에 투입된 우주선은 컬럼비아Columbia, 챌린저Challenger, 디스커버리Discovery, 아틀란티스Atlantis 등이다.

그러나 1986년에 챌린저가, 2003년에는 컬럼비아가 폭발했다. 이 사고로 모두 14명의 우주인이 사망했다. 우주왕복선 폭발 사고는 그 자체로도 대참사였지만, 결과적으로 나사의 우주탐사 정책에 변화를 불러왔다. 엔데버Endeavour는 여섯 번째이자 마지막 왕복선이다. 챌린저를 대신하기 위해 1991년 제작돼 1992년 5월 7일 첫 발사에 나선 엔데버는 2011년 5월 16일에 마지막 임무를 수행했다. 두 달 뒤인 7월 8일 아틀란티스가 마지막 임무를 수행하면서 우주왕복선 프로그램은 공식적으로 종료됐다.

1993년 빌 클린턴이 대통령으로 취임하기 전까지 사실 우주왕복선은 뚜렷한 임무가 없었다. 미 공군의 위성을 쏘아 올린다거나 우주 공간에서 무중력 우주실험을 하는 임무 정도를 맡았다. 그러다 클린턴이 국제우주정거장 사업을 본격적으로 추진하면서 우주왕복선 프로그램에도 활력이 생겼다. 1998년 12월 10일 엔데버는 국제우주정거장에 미국의 첫 번째 모듈인 유니티를 싣고 우주로 올라갔다. 이후 우주왕복선은 국제우주정거장에 우주인과 부품, 각종 보급품과 과학장비를 운송하는 중요한 역할을 맡았다. 하지만 챌린저와 컬럼비아의 대참사는 결국 우주왕복선 프로그램의 폐기로 귀결되고 말았다.

2장

우주가 비즈니스가 되는 뉴 스페이스의 시대

올드 스페이스와 뉴 스페이스

1957년과 1969년은 인류의 우주개발 역사에서 기념비적인 해다. 1957년에는 구소련이 인류 최초의 인공위성 스푸트니크를 발사했다. 스푸트니크 발사에 충격을 받은 미국은 아폴로 프로그램을 시작했고, 그 결실로 1969년에 아폴로 11호가 달에 착륙했다.

이 두 사건의 중요한 공통점은 국가가 주도해서 우주개발을 이끌었다는 점이다. 미국의 아폴로 프로그램은 나사가 주도하여 진행했다. 나사는 아폴로 프로그램을 이끌기 위해 만들어진 우주 전문 정부기관이다. 그런데 나사가 아폴로 프로그램에 관한 모든 일을 진행한 것은 아니었다. 우주선과 로켓은 민간 우주기업들이 제작했다.

아폴로 우주선 가운데 사령선과 기계선은 노스아메리칸North American Aviation이 만들었다. 이 회사는 미국의 주요 항공우주 제조사로 노스아메리칸 록웰North American Rockwell을 거쳐 현재 보잉의 자회사가 되었다. 달 착륙선은 그러먼Grumman Aircraft이 만들었다. 이 업체는 미국의 대표적인 군용 비행기 제조업체로 1994년 노스럽Northrop Corporation과 합병해 현재는 노스럽 그러먼이 되었다. 또 로켓 새턴 V는 보잉, 노스아메리칸, 더글러스 에어크래프트Douglas Aircraft Company가 함께 만들었다. 이 가운데 더글러스 에어크래프트는 맥도넬 더글러스McDonnell Douglas를 거쳐 1997년 보잉에 합병됐다.

이야기를 종합하면 아폴로 우주선과 새턴 V 로켓을 만든 주역들은 현재 보잉과 노스럽 그러먼으로 압축된다. 노스럽 그러먼은 미국을 대표하는 항공 우주기업이자 방위산업체고, 보잉 역시 노스럽 그러먼과 어깨를 나란히 하는 미국의 대표적인 항공 우주기업이자 방위산업체다. 즉 아폴로 프로그램을 주도한 민간기업들은 모두 방위산업체다. 아폴로 프로그램은 정부기관인 나사와 방위산업체가 양대 축을 이루며 이끌었다.

나사와 방위산업체들의 밀월관계는 1961년 아폴로 프로그램부터 지금까지 이어지고 있다. 미국의 우주개발 분야에서 방위산업체, 전통의 항공 우주기업들이 주도하는 우주개발을 올드 스페이스old space라고 한다. 올드 스페이스에 속하는 기업들은 미국 정부와 긴밀한 관계를 맺으며 정부가 주도하는 우주개발에서 중추적인 역할을 한다. 주로 항공기나 로켓, 우주선 등을 만드는 이 기업들은 규모가 큰 방위산업체라는 점에서 군사적 목적이 강하고 정치적 특성 역시 강하다. 이는 아폴로 프로그램을 보면 쉽게 이해할 수 있다. 애초에 아폴로 프로그램은 구소련에 뒤진 우주개발 분야를 뒤집기 위해 시작됐다. 아폴로 프로그램 자체가 정치적 목적으로 촉발된 것이고, 우주개발 분야에서 미국의 패권을 공고히 하겠다는 군사적 목적도 띠고 있었다.

최근에는 우주개발에 새로운 개념이 생겼다. 올드 스페이스와 대비되는 뉴 스페이스new space다. 뉴 스페이스는 나사가 주도하는 우주개발과 대비해 민간 우주 신생기업startup이 중심이 된 우주개발을 일컫는다. 이 기업들의 특징은 우주개발을 정치적이거나 군사적으로 보지 않고 상업적으로 본다는 점이다. 뉴 스페이스를 대표하는 기업은 스페이스엑스, 블루 오리진 등이다.

뉴 스페이스 기업의 등장에는 일론 머스크나 제프 베조스 같은 혁신적인 기업인이 중요한 역할을 했지만, 나사 내부의 구조적인 변화도 한몫했다. 나사의 케네디우주센터는 2011년 우주왕복선이 모두 퇴역하면서 사실상 미국 땅에서 미국 로켓을 쏘아 올리지 않고 있다. 그러던 케네디우주센터가 2015년부터 스페이스엑스의 팰컨 9 로켓을 발사하기 시작했다. 민간 우주기업이 케네디우주센터 내에서 로켓을 발사할 수 있게 된 이유는 나사가 민간 우주기업에 국제우주정거장용 화물 수송을 위탁하는 새로운 전략을 택했기 때문이다. 현재 스페이스엑스는 국제우주정거장에 화물과 우주인을 나르는 서비스를 제공하고 있다. 앞서 소개한 39A 발사장을 임차해서 말이다.

나사와 스페이스엑스의 이 같은 계약은 몇 가지 중요한 변화를 시사한다. 그중 하나는 민간 우주기업이 우주에서 돈을 벌 수 있는 상업 우주시대가 도래했다는 점이다. 바로 뉴 스페이스의 서막이 열린 것이다. 또 하나는 미국 우주개발에 새로운 축이 추가됐다는 점이다. 기존의 나사와 항공우주·방위산업체에 더해 민간 우주기업들이 새롭게 부상하고 있다.

민간 우주기업들은 나사와 항공우주·방위산업체의 꾸준한 노력 덕분에 태동할 수 있었다. 우주산업은 규모가 크고 소요되는 비용도 어마어마하기 때문에 초기 단계에서는 민간기업이 섣불리 나설 수 없다. 이런 이유로 대부분의 나라는 초기 단계에 정부가 우주산업을 주도하고 이를 뒷받침할 수 있는 몇몇 거대 기업이 참여해 그 토대를 만들었다. 미국에서는 올드 스페이스가 그 역할을 했다. 그러다 어느 정도 기술력이 축적되면 민간인에게 우주 서비스를 제공하는 기업이 하나둘씩 등장한다. 이것이 바로 뉴 스페이스다.

현재 전 세계적인 우주개발의 화두는 뉴 스페이스다. 그렇다고 앞으로 우주개발에서 상업적인 목적만 중시될 거라는 의미는 아니다. 나사가 스페이스엑스에 위탁한 국제우주정거장용 화물 서비스는 나사가 했던 일의 극히 일부일 뿐이다. 민간에 위탁할 수 있는 일은 민간에 넘기고 나사는 민간이 나서기 어려운, 어떻게 보면 당장은 돈이 되지 않는 우주개발에 더 집중하겠다는 뜻이다. 그런 일 가운데 하나가 제2의 아폴로 계획인 아르테미스 프로그램이고, 이후의 유인 화성 탐사도 마찬가지다.

스페이스엑스

미국의 기업인 가운데 웬만한 연예인보다 더 유명한 인물이 있다. 미국 IT업계의 기린아로 불리는 일론 머스크다. 1971년생인 머스크는 1995년 스탠퍼드대학교 박사과정에 등록했다가 자퇴하고 실리콘밸리로 갔다. 같은 해 머스크는 지역 정보 제공 시스템인 집투Zip2를 창업했고 4년 뒤인 1999년 컴퓨터 제조업체 컴팩에 회사를 매각했다. 이후 엑스닷컴X.com을 창업하고 경쟁사 콘피니티Confinity를 인수 합병한다. 2001년에는 콘피니티의 일부였던 이메일 결제 서비스에 집중하면서 회사이름도 엑스닷컴에서 페이팔PayPal로 바꾼다. 일론 머스크 신화의 서막이 오르는 순간이었다. 페이팔의 시가 총액은 1년 뒤 6,000만 달러로 치솟았고, 페이팔에 눈독을 들이던 온라인 쇼핑몰 이베이는 15억 달러에 페이팔을 인수했다. 페이팔을 매각하여 머스크가 번 돈은 1억 6,000만 달러다. 우리 돈 1,920억 원에 달하는 이 돈은 머스크가 다른 회사들을 창업하는 종잣돈이 돼주었다.

머스크가 만든 여러 회사 중 단연 주목을 끄는 회사는 2002년에 설립한 스페이스엑스다. 이름에서 알 수 있듯이 스페이스엑스는 우주항공 전문기업이다. 본사는 LA에 있는데, 본사 주변 도로 이름도 흥미롭게 '로켓 길Rocket Road'이다. 스페이스엑스는 언론이 취재하기 어려운 곳으로 유명하다. 본사나 공장 내부시설 촬영도 금지돼 있다. 그렇다고 스페이스엑스 공장 내부가 완전히 베일에 싸여 있는 것은 아니다. 회사가 자체 제작한 영상을 페이스북 등에 올려 스페이스엑스에 관심 있다면 누구나 쉽게 찾아볼 수 있도록 기본적인 자료는 제공한다. 스페이스엑스 본사 직원의 가족이나 친척 등은 직원의 요청에 따라 간혹 회사 투어를 할 수 있다. 하지만 심층적인 촬영이나 취재는 어렵다.

머스크가 스페이스엑스를 설립한 이유 가운데 하나는 로켓 발사 비용을 10분의 1로 줄일 수 있겠다고 생각했기 때문이다. 당시 로켓 발사 시장은 정부기관이 독점하고 있었고, 나사와 유럽연합의 아리안 스페이스Arianespace가 전 세계 로켓 발사 시장을 양분하고 있었다. 아리안 스페이스는 유럽의 나사라고 불리는 유럽 우주청이 만든 회사로 유럽의 명품 로켓인 아리안 로켓 발사를 대행한다. 여기에 더해 러시아 연방 우주청도 로켓을 발사하고 있었다.

로켓을 발사하는 데 드는 비용은 회사마다 다르고, 탑재하는 위성의 무게에 따라서도 각각 달라진다. 그래서 정확하게 공개되지는 않지만, 로켓 발사 한 번에 대략 1,000억 원 이상의 비용이 든다고 알려져 있다. 아리안 5 ECA는 10톤 중량의 위성을 한 번 발사하는 비용이 대략 2억 달러라고 한다. 우리 돈으로 2,400억 원이나 드는 것이다. 머스크가 생각하기에 이 비용은 턱없이 비쌌다. 머스크는 로켓을 재활용하면 로켓 발사 비용을 크게 줄일 수 있을 거라고 생각했다. 스페이스엑스를 전 세계적으로 유명하게 만든 재활용 로켓이 탄생하는 순간이었다.

스페이스엑스의 팰컨 9 로켓은 최대 13톤의 위성을 탑재할 수 있으며, 발사 비용은 대략 6,200만 달러로 추정된다. 이 가운데 연료 비용은 20만 달러에 불과하니 전체 비용의 1퍼센트에도 못 미친다. 나머지 99퍼센트 이상은 로켓을 만드는 데 투입된 비용이다. 머스크의 생각대로 로켓을 재활용할 수 있다면 발사 비용을 획기적으로 줄일 수 있을 법하다. 그런데 정말 가능할까? 영화에서나 가능할 것 같은 로켓 재활용의 비법은 역추진 기술에 있다. 우주로 올라간 로켓을 역추진해서 다시 수직으로 지상에 착륙시키는 것이다.

스페이스엑스가 로켓을 재활용하는 데 처음 성공한 것은 2016년 4월이다. 스페이스엑스가 자랑하는 팰컨 헤비Falcon heavy

©Wikimedia Commons

영화에서나 가능할 것 같은 로켓 재활용의 비법은 역추진 기술에 있다. 우주로 올라간 로켓을 역추진해서 다시 수직으로 지상에 착륙시키는 것이다.

로켓은 크게 1단과 2단으로 구성된다. 1단은 기존 팰컨 9 로켓 세 기를 묶은 것으로 중앙의 코어 로켓과 양옆의 사이드 로켓으로 이루어져 있다. 스페이스엑스는 먼저 팰컨 헤비 로켓의 양옆 사이드 로켓을 지상의 발사대로 착륙시키는 데 성공했고, 이후 1단의 중앙 코어 로켓을 해상에서 회수하는 데까지 성공했다.

중앙 코어 로켓을 해상에서 회수하는 이유는 재활용하기 위해서다. 보통 발사된 로켓은 연소가 끝날 때까지 날아가지만, 팰컨 헤비 로켓은 연료를 연소가 끝날 때까지 다 태우면 안 되고 역추진에 쓸 분량을 조금 남겨놓아야 한다. 그런데 포물선을 그리며 올라간 1단 중앙 코어 로켓을 회수할 시점에 로켓은 해상에 있게 된다. 다시 육지로 돌아가려면 연료를 더 써야 하므로 아예 해상에 바지선을 띄워놓고 그곳에 착륙시켜 회수하는 것이다.

스페이스엑스는 그래스하퍼 재활용 테스트 프로그램Grasshopper Reusability Test Program을 이용해 지상에서 로켓의 수직 착륙을 훈련한다. 그래스하퍼는 10층 건물 높이의 수직 이착륙 장치다. 줄여서 VTVL Vertical Takeoff Vertical Landing이라고 하는데, 팰컨 9 로켓의 엔진 한 개를 장착해 수직으로 이륙한 뒤 수직으로 착륙하는 테스트에 이용한다. 현재까지 팰컨 로켓은 재활용에 완전히 성공하지는 못했고, 그래스하퍼 재활용 테스트 프로그램도 여전히 가야 할 길이 멀다.

재미있는 사실은 스페이스엑스가 재활용 로켓의 대명사로

알려졌지만, 이 아이디어를 먼저 생각해낸 사람은 아마존 창업자이자 CEO 제프 베조스라는 점이다. 그가 설립한 민간 우주기업 블루 오리진 역시 로켓 재활용에 나섰지만, 첫 재활용 성공 타이틀을 스페이스엑스가 거머쥐면서 블루 오리진은 재활용 로켓 경쟁에서 한 발짝 물러서게 됐다.

스페이스엑스의 로켓 재활용은 우주개발 분야에서 그 의미가 상당히 크다. 무엇보다도 로켓을 두 번 이상 재활용하면서 발사 비용을 획기적으로 줄일 수 있기 때문이다. 하지만 이 로켓 재활용을 비판적으로 보는 시각도 많다. 현재까지 스페이스엑스는 서너 번 재활용에 성공했는데, 재활용이 의미가 있으려면 하나의 로켓으로 적어도 열 번 정도는 재활용해야 한다는 주장이다. 로켓을 한두 번 재활용하는 것과 열 번 이상 재활용하는 것은 하늘과 땅 차이기 때문이다. 물론 이들의 주장이 꼭 옳다고는 볼 수 없다.

머스크가 스페이스엑스를 설립할 때 목표로 한 낮은 로켓 발사 비용은 아직 실현되지 못했다. 어쩌면 아주 오랜 시간이 걸릴지도 모른다. 하지만 스페이스엑스는 새로운 우주개발상을 보여주고 있다. 바로 뉴 스페이스다. 스페이스엑스가 등장하기 전까지는 민간기업이 로켓 발사를 대행한다는 일은 상상조차 할 수 없었다. 앞으로 민간 우주기업의 수는 더 늘어날 것이다. 이는 곧 우주사업으로 돈을 벌 수 있는 시대가 성큼 다가왔다는 의미이고, 우주가 앞으로 인류를 먹여 살릴 새로운 먹을거리가 됐다는 의미이다. 그 중심에 민간 우주기업이 있다.

블루 오리진과 버진 갤럭틱

2019년 7월 블룸버그 통신은 세계에서 가장 부유한 인물로 제프 베조스를 꼽았다. 당시 베조스의 순 자산은 1,250억 달러, 우리 돈으로 약 147조 5,600억 원에 달했다. 세계 최고의 부자인 베조스는 같은 해에 약 28억 달러, 우리 돈 약 3조 3,950억 원어치의 주식을 팔았다.

베조스는 왜 4조 원에 가까운 거액의 주식을 팔았을까? 그가 설립한 우주기업 블루 오리진 때문이다. 관련 업계는 베조스가 블루 오리진의 사업 자금을 마련하기 위해 주식을 매각했다고 파악하고 있다. 베조스는 블루 오리진에 자금을 대기 위해 매년 아마존 주식 10억 달러어치를 팔고 있다고 말한 바 있다.

제프 베조스가 2000년 9월에 설립한 블루 오리진의 사업 목표는 획기적인 비용 감소와 신뢰할 수 있는 기술력을 바탕으로 민간인을 우주에 보내는 것이다. 이 회사의 좌우명은 '하나씩 하나씩, 씩씩하게'라는 뜻의 라틴어 'Gradatim Ferociter'다. 회사 이름인 블루 오리진에서 블루는 푸른 행성, 지구를 뜻하며, 오리진은 시작 포인트라는 의미를 담고 있다. 즉 지구에서 출발해 한 발짝

한 발짝씩 우주로 뻗어 나가겠다는 의미다.

블루 오리진은 '수직 이륙, 수직 착륙Vertical takeoff and Vertical landing'이라는 기술을 개발하고 있다. 이 기술을 적용해 만든 로켓이 뉴 셰퍼드New Shepard다. 미국 최초의 우주인 앨런 셰퍼드에서 따온 이름이다. 셰퍼드는 1961년 머큐리 프로그램을 통해 미국 최초로 우주여행에 성공했으며 아폴로 프로그램으로 1971년 달을 밟은 우주인이다.

2015년 처음으로 뉴 셰퍼드를 시험발사한 블루 오리진은 2019년 5월에 열한 번째 시험발사에 성공했다. 이 시험발사에서 뉴 셰퍼드는 나사의 실험장비가 든 우주선을 싣고 왕복 비행에 나섰다. 미국 웨스트 텍사스 발사장에서 이륙한 뉴 셰퍼드는 지구와 우주의 경계선으로 알려진 카르만 라인(고도 100킬로미터)을 살짝 넘어 고도 106킬로미터 지점까지 올라갔다. 로켓은 발사 7분 30초 후에 역추진 로켓을 이용해 지정된 착륙장에 수직 낙하했고, 우주선은 발사 10분 10초 만에 세 개의 낙하산을 펼치며 인근 벌판에 무사히 착륙했다.

블루 오리진은 뉴 셰퍼드에 이어 뉴 글렌New Glenn 로켓도 개발하고 있다. 뉴 글렌은 1962년 미국 우주인 가운데 처음으로 지구를 돈 존 글렌의 이름에서 따왔다. 뉴 글렌은 지상으로부터 3만 5,800킬로미터 위에 있는 지구 정지궤도에 13톤의 화물을 올릴 수 있다. 지구 저궤도인 고도 약 2,000킬로미터까지는 45톤의 화물을 보낼 수 있다.

블루 오리진의 뉴 셰퍼드가 수직 이륙 후 수직 착륙에 성공했다는 얘기를 읽으면 일론 머스크의 스페이스엑스가 떠오를 것이다. 앞서도 이야기했듯이 로켓 재활용은 블루 오리진의 제프 베조스가 먼저 사업화하려고 했지만, 현실화는 스페이스엑스의 일론 머스크가 먼저 했다.

둘은 그동안 우주 분야에서 앞서거니 뒤서거니 하면서 사사건건 충돌했다. 미국을 대표하는 양대 민간 우주기업의 CEO가 향후 우주산업의 패권을 놓고 곳곳에서 신경전을 벌이고 있는 것이다. 베조스는 머스크가 주장해온 이른바 '화성 식민지 계획'에 대해 달 탐사를 건너뛴 화성 탐사 계획은 환상이라고 꼬집었다. 2019년 베조스는 보스턴에서 열린 JFK 우주정상회의에서, 화성에 가려면 엄청난 물자와 연료가 필요한데 이를 지구에서 옮기는 것보다는 달에서 옮기는 편이 훨씬 나은 방안이며, 달 탐사 단계를 건너뛰면 화성 탐사 속도는 느려질 것이라고 주장했다. 머스크는 2001년부터 지구 종말에 대비해 화성에 식민지를 개척하겠다고 공언해왔다. 그가 발표한 계획에 따르면 스페이스엑스는 2022년까지 화성에 화물선을 보내고 2024년까지 화성에 인간을 보낼 것이다. 그 밖에 2023년에 민간인을 달에 보내겠다는 달 탐사 계획도 밝혔다.

블루 오리진의 주요 목표 가운데 하나는 무중력 상태를 경험할 수 있는 우주여행을 사업화하는 것이다. 여행비용은 아직 구체적으로 공개되지 않았다. 2016년 베조스는 우주여행과 관련해 '오락entertainment'이라는 용어를 사용했다. 그가 말한 '오락'에는 로켓을 타고 지구 상공에 올라 지구를 바라보거나 무중력 상태를 경험하는 것들이 포함된다. 우주가 돈이 된다고 보고 있는 베조스의 목표는 우주여행을 통해 우주 분야를 상업화하는 것이다.

베조스는 이 우주여행을 달까지 확장한다는 야망을 품고 있다. 그는 2019년 실물 크기의 달 착륙선 모형 블루문Blue Moon을 공개했다. 블루문은 달 표면까지 최대 3.6톤의 화물을 운송할 수 있다. 네 대의 자율주행 탐사 차량을 실을 수 있고, 약간만 변형하면 우주비행사도 탑승할 수 있다. 블루문에는 수소와 산소를 연료로 사용하는 BE-7 엔진이 장착된다. 베조스는 보스턴에서 열린 JFK 우주정상회의에서 언젠가 블루 오리진이 달에 있는 얼음으로 달 착륙선에 연료를 공급할 수 있을 거라고 말했다.

블루문은 궁극적으로 우주비행사나 민간인 우주관광객을 태울 계획이다. 베조스는 블루문 유인 우주선이 사람을 달에 보낼 수 있는 시점을 2024년으로 내다본다. 2024년은 트럼프 행정부가 달에 다시 우주인을 보내기로 한 해다. 우연의 일치라기보다는 베조스가 나사의 유인 달 탐사 일정을 겨냥해 발언했다고 해석된다. 예산 부족을 겪고 있는 나사가 블루 오리진 같은 민간 우주기업과의 협력을 무시하기는 어려워 보인다. 이런 상황을 사업가 베

블루문

©Wikimedia Commons

블루문은 궁극적으로 우주비행사나
민간인 우주관광객을 태울 계획이다.
제프 베조스는 블루문 유인 우주선이 사람을 달에
보낼 수 있는 시점을 2024년으로 내다본다.

조스가 그냥 지나칠 리 없고, 그 틈을 파고든 것이다.

블루 오리진은 우주여행과 관련해서도 스페이스엑스와 경쟁할 전망이다. 스페이스엑스도 민간인을 달에 보내는 달 우주여행을 계획하고 있는데, 2023년 최초로 우주선에 탑승할 민간인으로 일본인 마에자와 유사쿠를 선정했다. 마에자와 유사쿠는 일본 최대의 온라인 쇼핑몰 설립자이자 재산이 30억 달러인 자산가로 일본에서는 18번째 부자다. 스페이스엑스는 차세대 로켓인 빅 팰컨 로켓Big Falcon Rocket, BFR에 민간인을 태워 달에 보내겠다고 한다.

블루 오리진의 주요 사업 목표는 우주여행이다. 그런데 블루 오리진만큼이나 우주여행에 관심이 많은 기업이 또 있다. 영국의 재벌 리처드 브랜슨 버진그룹 회장이 2004년에 설립한 버진 갤럭틱Virgin Galactic이다.

버진 갤럭틱의 우주여행은 스페이스십 2Space Ship 2 우주선을 통해 실현될 예정이다. 이 우주선은 화이트 나이트 2white Kinght 2라는 대형 수송기에 실려 발사된 후 고도 15킬로미터에서 분리된다. 이후 스페이스십 2는 자체 엔진으로 고도 100킬로미터 이상인 우주 경계까지 올라간 후 몇 분 동안 탑승객들이 무중력 상태를 체험하도록 해준다. 우주에서 잠깐 짜릿한 순간을 맛보는 것이다. 총 여행 시간은 90분 정도이고 우주여행 비용은 1인당 25만 달러, 우리 돈으로 약 3억 원이다. 높은 비용에도 불구하고 벌써 600명이 돈을 지불하고 탑승을 기다리고 있다.

스페이스십 2

©Wikimedia Commons

스페이스십 2는 자체 엔진으로
고도 100킬로미터 이상인 우주 경계까지 올라간 후
몇 분 동안 탑승객들이 무중력 상태를 체험하도록 해준다.

버진 갤럭틱은 2019년 2월 민간인을 태우고 시험 우주여행에 처음으로 성공했다. 당시 스페이스십 2는 조종사 두 명과 민간인 탑승객 한 명을 태운 채 미국 캘리포니아주 모하비 사막에서 출발한 수송 비행선에 실려 날아가다가 다시 공중으로 발사돼 89.9킬로미터 상공에 도달한 다음 지상으로 귀환했다. 버진 갤럭틱이 2018년 12월 고도 81킬로미터까지 유인 우주선을 쏘아 올리는 데 성공한 지 두 달 만이었다. 보통 우주의 경계는 카르만 라인이라고 불리는 고도 100킬로미터 지점을 말하지만, 나사는 이보다 낮은 고도 80킬로미터 지점부터 우주로 정의하고 있다. 이 기준을 적용하면 버진 갤럭틱은 세계 최초로 민간인 왕복 우주비행에 성공한 셈이다. 버진 갤럭틱은 2020년부터 우주여행을 상용화할 수 있다고 전망한다.

버진 갤럭틱과 블루 오리진, 스페이스엑스 등 민간 우주기업의 우주여행 사업 선점 경쟁에 불이 붙었다. 그런데 이 지점에서 한 가지 생각해볼 점은 우주여행을 실현하겠다는 민간 우주기업의 CEO가 모두 재벌이라는 점이다. 블루 오리진의 제프 베조스는 세계 1위의 부자, 영국의 버진그룹을 이끄는 리처드 브랜슨 역시 소문난 갑부다. 스페이스엑스의 일론 머스크도 돈이 많다. 그러니 우주사업은 재벌들만 할 수 있다는 말이 나온다. 심지어 우주사업은 재벌들의 돈잔치라는 비판까지 나오고 있다. 우주사업이 재벌들의 돈잔치에 그칠지 황금알을 낳는 거위가 될지는 시간이 지나면 자연스레 알게 되겠지만, 돈 많은 사람이 어떤 사업에 투자할 때는 돈이 된다는 확신이 있기 때문이라는 점과 성공한 사업가는 그 누구보다도 돈 냄새를 잘 맡는다는 점을 감안하면 어떤 결론이 날지 추측할 수 있을 것이다.

위성을 하늘에서 발사한다?

1969년 아폴로 우주선은 나사 케네디우주센터 39A 발사장에서 새턴 V 로켓에 실려 우주로 발사됐다. 2024년에는 오리온 우주선이 SLS 로켓에 실려 케네디우주센터 39B 발사장에서 발사될 예정이다. 아폴로 우주선과 오리온 우주선은 55년의 시차에도 불구하고 공통점이 있다. 지상의 발사장에서 로켓에 실려 우주로 쏘아 올려진다는 점이다. 그런데 만약 지상이 아니라 하늘에서 로켓을 쏜다면 어떨까? 이처럼 영화에서나 가능할 것 같은 일이 현실로 다가오고 있다. 그 주인공은 바로 앞에서 소개한 버진그룹 회장 리처드 브랜슨이 이끄는 버진 오비트Virgin Orbit다.

버진 오비트를 이해하려면 우선 코스믹 걸Cosmic Girl과 론처원LauncherOne을 알아야 한다. 보잉 747 비행기를 개조한 코스믹 걸은 공중에서 소형 로켓을 발사하는 일종의 공중 발사장이며, 론처원은 코스믹 걸에 탑재돼 공중에서 발사되는 소형 로켓이다. 약 16미터 높이의 론처원은 개조된 보잉 747(코스믹 걸)의 예비 엔진을 장착하는 왼쪽 날개 안쪽에 설치된다. 쉽게 말해 보잉 747 비행기에 소형 로켓 론처원을 장착하고 지상 10킬로미터 상공에서 발사하면 론처원이 목표 고도까지 화물을 보내는 것이다. 론처원은 고도 500킬로미터인 태양동기궤도*까지 300킬로그램의 소형 위성이나 화물을 보낼 수 있다. 이보다 고도가 낮은 230킬로미터 상공의 지구 저궤도에는 500킬로그램의 인공위성을 보낼 수 있다. 버진 오비트의 발사장은 LA 롱비치 본사에서 세 시간 정도 떨어진 모하비 항공우주 포트Mojave Air & Space Port에 있다. 론처원은 2019년 시험발사에 성공한 다음 2020년 5월 25일에 또 한 차례 발사되었으나 이번에는 실패했다. 코스믹 걸에 실려 한 시간 정도 비행하다 공중에서 분리된 론처원은 엔진을 점화하는 데는 성공했지만 몇 초 만에 비행을 종료하고 말았다.

공중발사를 추진하는 기업이 버진 오비트뿐인 것은 아니다. 2019년 4월 13일 스트라토론치StratoLaunch가 고도 10킬로미터에서 인공위성을 탑재한 발사체를 쏘는 데 성공했다. 날개가 축구장 길이와 비슷한 117미터에 달하는 스트라토론치는 캘리포니아주

* 궤도면과 태양이 이루는 각도가 항상 일정하게 유지되는 궤도. 태양 빛을 늘 일정하게 받을 수 있고, 항상 같은 시각에 같은 지역을 지나간다.

모하비 사막에서 첫 시험비행을 성공적으로 마쳤다. 스트라토론치의 비행이 성공하자 언론들은 버진 오비트의 강력한 맞수가 생겼다고 보도했다.

스트라토론치를 개발한 스트라토론치 시스템StratoLaunch System은 마이크로소프트의 공동 창업자인 폴 앨런이 2011년 설립한 민간 항공우주업체다. 안타깝게도 앨런은 스트라토론치의 시험비행을 보지 못한 채 2018년 10월 암으로 숨졌다. 또 한 가지 아쉬운 점은 앨런이 사망하면서 스트라토론치 시스템의 운명도 앨런과 같은 궤적을 그릴지도 모른다는 점이다. 스트라토론치가 첫 시험비행을 성공적으로 마친 후인 2019년 6월, 로이터 통신은 스트라토론치 시스템이 사실상 사업을 정리하기로 했다고 보도했다. 두 달 전에 진행한 첫 비행이 마지막 비행이 된 셈이다.

언론 보도에 따르면 폴 앨런의 여동생이자 스트라토론치 시스템의 모회사인 벌컨Vulcan의 CEO 조디 앨런은 2018년 말부터 이미 사업을 정리하기로 했다고 한다. 다만 오빠의 소원을 존중하고 공중에서 비행기로 로켓을 발사하는 새로운 개념의 비행 콘셉트가 잘못되지 않았음을 보여주기 위해 시험비행을 한 것이다. 조디 앨런은 시험비행 당시 우리는 폴이 오늘의 역사적인 업적을 자랑스러워할 것임을 안다고 말하며 오빠의 업적을 상기시켰다.

폴 앨런이 창업한 스트라토론치 시스템이 상업화에 성공하지 못하고 폐업 수순을 밟는다면 뉴 스페이스의 한계로 이야기되

론처원

©Wikimedia Commons

스트라토론치

©Wikimedia Commons

는 점 하나를 선명히 보여줄 것이다. 우주사업이 재벌들의 돈잔치에 그치고 말 것이냐는 점이다. 창업자 폴 앨런의 사망이 스트라토론치 시스템의 운명에 직접적인 영향을 끼치겠지만, 아직 돈을 벌어들이는 회사가 아니라는 점도 큰 영향을 미칠 것이다. 우주개발에서 사업화가 진행되고 있고 민간 우주기업도 계속 등장하고 있지만, 현실적으로 돈을 벌기 위해서는 아직 더 많은 시간이 필요하다. 즉 강력한 투자자의 지원이 없다면 민간 우주기업이 성장하는 데는 아직 한계가 있다.

물론 수천억 원의 투자를 유치해 자신만의 독특한 사업을 순조롭게 진행하고 있는 민간 우주기업도 무수히 많다. 스트라토론치 시스템은 창업자의 사망까지 맞물린 극적인 예일 뿐이다. 스트라토론치가 폐업 절차를 밟고 있다는 항간의 소문을 불식하고 원래 목표였던 공중발사를 성공적으로 사업화하는 기업이 된다면, 우주사업은 재벌들의 돈잔치일 뿐이라는 비판을 딛고 새로운 이정표를 세울 수 있을 것이다. 다행스럽게도 스트라토론치 시스템은 회사의 주인은 바뀌었지만 폴 앨런의 창업 정신을 이어받아 회사를 꾸려나가고 있다.

버진 오비트나 스트라토론치가 공중에서 로켓을 발사하려는 이유는 무엇보다 비용이 적게 들기 때문이다. 기본적으로 상업화는 돈을 버는 것이 목적이고, 돈을 버는 방법 가운데 하나는 비용절감이다. 공중에서 로켓을 발사하면 지상에서 발사할 때보다 연료가 적게 들고 화물은 더 많이 실을 수 있기 때문에 비용 면에서 훨씬 유리하다.

이로 인해 새로운 사업 분야도 생겨났다. 스페이스엑스의 팰컨 헤비 로켓은 50톤의 탑재체를 쏘아 올릴 수 있다. 이와 비교해 버진 오비트가 쏘아 올릴 수 있는 탑재체는 훨씬 가벼운 300~500킬로그램의 소형 위성이 대부분이다. 다시 말해 스페이스엑스나 아리안 스페이스 같은 발사업체와 버진 오비트 같은 발사업체는 사업 분야가 다르다.

기존 우주기업들이나 스페이스엑스는 대형 위성을 발사해왔는데 이제는 소형 위성을 발사하는 우주기업들이 생겨나고 있다. 그 가운데서 버진 오비트는 소형 위성을 공중에서 발사하는 기업이다. 대형 위성 발사 시장을 레드 오션이라 한다면, 신생 우주기업들은 소형 위성과 소형 로켓을 활용한 새로운 시장인 블루 오션을 만들어가고 있다. 론처원의 1회 발사 비용은 1,000만~1,200만 달러로 예상된다. 아리안 5 ECA가 10톤짜리 위성을 한 번 발사하는 데 드는 비용이 2억 달러니, 20분의 1에 불과한 비용이다. 신생 우주기업들은 비용 면에서의 강점을 무기로 새로운 발사 시장을 개척해나가고 있다.

공중발사가 관심을 끄는 또 다른 이유는 장소의 제한을 받지 않기 때문이다. 지상에서 로켓을 발사하려면 몇 곳으로 제한된 발사장에서만 해야 한다. 미국도 주요 발사장이 케네디우주센터와

케이프커내버럴 공군기지 등의 몇 군데뿐이다. 만약 우리나라가 미국에서 위성을 발사한다면 이들 발사장 가운데 한 곳으로 직접 가야 한다. 발사장 수가 제한적인 이유는 발사할 수 있는 장소가 제한적이기 때문이다. 로켓을 쏘기 위해서는 태풍이나 허리케인 등으로부터 안전해야 하고 로켓을 다양한 궤도로 쏘아 올릴 수 있도록 지리적 여건이 맞아야 하는데, 모든 조건을 만족하는 장소를 찾아 발사장을 건설하기란 쉬운 일이 아니다. 많은 나라가 로켓 발사에 최적인 장소를 찾아서 자국의 로켓 발사장으로 이용한다. 미국은 땅이 넓어 그나마 몇몇 발사장을 보유하고 있지만, 유럽연합은 남아메리카에 위치한 프랑스령 기아나 우주센터 한 곳만을 발사장으로 쓰고 있다. 우리나라의 유일한 로켓 발사장은 전라남도 고흥에 있는 나로우주센터다.

공중발사를 하면 이런 장소의 제약에서 벗어날 수 있다. 비행기가 공중에서 로켓을 쏘아 올리므로 우리나라 상공에서도 로켓을 발사할 수 있다. 물론 버진 오비트의 코스믹 걸이 출항할 수 있는 공항은 미국 내 몇 곳으로 제한돼 있지만, 이론적으로는 전 세계 어느 곳에서든 로켓을 발사할 수 있다. 로켓을 공중에서 발사한다는 꿈만 같은 일은 거의 상용화에 근접했다. 우주로 돈을 벌 수 있는 시대가 한 걸음 더 다가오고 있는 것이다. 그 기회를 누가 언제 어떻게 잡을 것인가?

뜨거운
소형 위성, 소형 로켓

2018년 경제지 《포브스》는 일본 소프트뱅크의 손정의 회장을 일본 1위의 부자로 선정했다. 무일푼으로 시작해 일본을 넘어 세계적인 갑부의 반열에 오른 손정의는 투자하는 회사마다 주가가 폭등하면서 '마이더스의 손'이라고도 불린다. 손정의도 우주 벤처기업에 투자하고 있다. 원웹OneWeb이다.* 손정의가 이끄는 소프트뱅크는 2016년 12월 원웹에 10억 달러를 투자한다고 발표했다. 우리 돈으로 1조 2,000억 원이 넘는 액수다. 손정의가 10억 달러를 투자하기로 결정한 2016년은 원웹이 창립된 지 불과 4년이 된 해였다. 그는 왜 신생기업에 1조 원이 넘는 돈을 투자했을까?

원웹은 하나의 웹, 즉 하나의 인터넷을 의미한다. 원웹의 목표는 인공위성 700개를 우주에 띄워 전 세계 곳곳에 인터넷을 제공하겠다는 것이다. 인공위성으로 전 세계에 인터넷망을 구축한다는 계획 자체는 원웹 이전에도 있었지만, 원웹의 승부수는 소형 위성에 있다. 그동안 인공위성 기술은, 기존 위성보다 훨씬 작

* 원웹은 2021년까지 약 700개의 소형 위성을 우주에 쏘아 올릴 계획이었으나, 안타깝게도 2020년 코로나바이러스감염증-19가 전 세계적으로 유행하면서 소프트뱅크가 더이상 투자하지 않겠다고 결정하자 파산을 신청했다. 그러나 소형 위성 분야의 아이콘 같은 기업이어서 코로나바이러스감염증-19가 잠잠해지면 회복될 것으로 예상된다.

지만 성능은 비슷하거나 오히려 뛰어난 소형 위성을 만들 수 있을 정도로 발전해왔다. 위성의 크기가 작아지면 로켓을 한 번 발사하여 쏘아 올릴 수 있는 위성의 수도 많아진다. 즉 크기와 무게에 따라 수 개에서 수십 개까지 한 번에 우주에 보낼 수 있다. 원웹의 이러한 전략은 곧 비용 절감으로 이어진다. 위성을 대량생산하여 제작 비용을 낮추고, 발사 횟수를 줄여 발사 비용까지 낮춘다면 충분히 사업적 승산이 있다고 본 것이다. 원웹의 이 같은 아이디어는 2019년 2월에 현실이 됐다. 프랑스령 기아나 우주센터에서 첫 소형 위성 여섯 대를 우주로 쏘아 올린 것이다.

소형 위성 수백 개를 띄워 전 세계에 인터넷을 공급하겠다는 민간 우주기업이 원웹뿐인 것은 아니다. 아마존은 2019년 4월 카이퍼 프로젝트Kuiper project를 발표했다. 3,000개의 위성을 우주에 띄워 인터넷을 공급한다는 프로젝트다. 또한 스페이스엑스는 1만 2,000개의 위성을 쏘아 올려 인터넷을 공급한다는 스타링크Star Link 프로젝트를 진행하고 있으며, 이미 2019년 5월 위성 60개를 쏘아 올렸다. 손정의가 2016년 원웹에 투자한 이후 불과 3년 만에 우주 인터넷 열풍이 업계를 강타하고 있다. 그렇다면 왜 이들 기업은 우주 인터넷에 열광할까?

적게는 수백 개에서 많게는 1만 개에 달하는 이 위성들은 크기가 작다. 소형 위성은 만들기 쉽고 우주에 띄우기도 쉽다. 유지 비용도 싸다. 비싼 대형 위성은 한 개가 고장 나도 문제가 커지지만, 소형 위성은 한꺼번에 많이 띄우기 때문에 한두 개가 고장 나도 별로 문제가 되지 않는다. 보통 소형 위성은 대형 위성보다 고도가 낮은 곳에 위치하기 때문에 통신 지연이나 끊김 현상도 덜하다. 이렇게 수백 개 이상이 한꺼번에 작동하는 위성을 군집위성constellation satellite이라고 한다. 이런 장점들 때문에 민간 우주기업들이 최근 위성 인터넷망과 소형 위성 분야에 큰 관심을 쏟고 있다. 물론 지금도 위성 없이 지상에서 인터넷을 이용하는 데는 무리가 없다. 하지만 대부분 대도시의 사정이고, 사막이나 오지, 해상 등 많은 곳에서는 인터넷 환경이 열악하다. 우주 인터넷 기업들은 이런 곳까지 인터넷을 공급하려면 위성을 이용하는 방법이 가장 경제적이라고 생각한다.

소형 위성의 발사 수요가 커지면서 소형 위성을 전문적으로 발사하겠다는 우주기업들도 우후죽순 생겨나고 있다. 앞서 소개한 버진 오비트 같은 회사도 그중 하나다. 버진 오비트와 원웹은 소형 위성 발사 계약을 체결하기도 했다.

소형 위성을 전문적으로 발사하는 업체 가운데 벡터 론치Vector Launch*라는 회사가 있다. 벡터 론치는 50~100킬로그램 정도의 소형 위성을 발사하기 위해 로켓을 개발하고 있다. 벡터 론치가 개발하는 로켓은 두 종류다. 벡터-RVector-R과 벡터-HVector-H다. 12미터

* 벡터 론치는 안타깝게도 자금난 때문에 2019년 말에 파산을 선언했다.

스타링크 발사

©Wikimedia Commons

2019년 11월 스타링크 위성 60기를 싣고 발사되는 팰컨 9 로켓.

정도 크기의 벡터-R은 지구 저궤도에는 60킬로그램까지, 태양동기궤도에는 26킬로그램까지의 위성을 쏘아 올릴 수 있다. 벡터-R보다 조금 큰 19미터 크기의 벡터-H는 지구 저궤도까지는 290킬로그램, 태양동기궤도까지는 95킬로그램의 위성을 올릴 수 있다. 벡터-H의 H는 헤비heavy의 약자다.

또 다른 업체인 로켓 랩Rocket Lab도 소형 위성 발사가 전문이다. 로켓 랩의 대표 제품은 일렉트론 로켓Electron rocket이다. 일렉트론 로켓은 17미터 정도 크기로 태양동기궤도까지 150~225킬로그램의 위성을 쏘아 올릴 수 있다. 흥미로운 점은 로켓 랩이 엔진 구성물 대부분을 3D 프린터로 만든다는 점이다. 로켓 랩의 일렉트론 로켓은 2018년 소형 위성 여섯 개와 우주쓰레기 청소 위성의 시험판 등 일곱 개의 탑재체를 우주 궤도에 올리는 데 성공했다. 소형 로켓을 이용한 업체 가운데 가장 먼저 상업 발사에 성공한 것이다.

전문적으로 소형 위성을 발사하는 민간기업들의 등장은 그 자체로도 의미가 있지만, 전 세계 우주선 발사 시장의 판도를 바꾼다는 점에서 더 큰 의미가 있다. 그동안 로켓 발사는 나사와 유럽연합의 아리안 스페이스가 주도해왔고, 이들은 주로 대형 로켓을 쏘아 올렸다. 민간 우주기업 스페이스엑스의 팰컨 헤비 로켓 역시 대형 로켓에 속한다. 2018년 12월 발사된 스페이스엑스의 팰컨 9 로켓에는 우리나라 과학위성인 '차세대 소형 위성 1호'

를 비롯해 17개국 64개의 소형 위성이 실렸다. 한 번에 64개의 위성을 쏘아 올렸다는 것을 바꿔 말하면 로켓에 탑재될 위성이 모두 모여야 발사할 수 있다는 의미다. 위성을 쏘려는 국가가 원할 때 발사하는 것이 아니라 위성을 쏘아 올리는 업체의 일정에 맞춰야 한다는 것이다.

그런데 소형 로켓이 시장에 등장하면서 발사가 좀 더 쉬워졌다. 위성 한두 개만 싣는 소형 로켓은 언제든 고객의 일정에 맞춰 발사할 수 있기 때문이다. 공중발사 전문인 버진 오비트는 장소의 제한까지 없애버렸다. 소형 로켓 발사 시장이 활성화하면 우리가 위성을 쏘고 싶을 때 쏠 수 있게 된다. 현재 소형 로켓 발사 시장이 성장하는 데 선결조건인 소형 위성에 대한 수요도 크다. 소형 로켓 발사 시장은 앞으로 성장할 가능성이 커서 이 분야에서 우주 기업들이 계속 생겨나고 있다. 소형 위성과 소형 로켓이 대형 위성과 대형 로켓을 어느 정도까지 대체할 수 있을지는 아직 미지수지만, 관련 업계는 두 분야는 서로 용도와 목적이 다르기에 결국 로켓 발사 시장이 대형 로켓과 소형 로켓 두 부분으로 나뉠 것으로 전망한다.

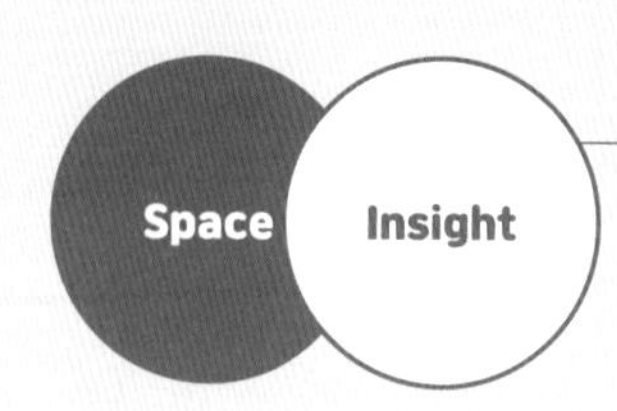

다양한 인공위성들

인공위성은 크기와 궤도, 목적 등에 따라 분류한다. 대형 위성은 보통 1톤 이상의 위성을 말하며, 중형 위성은 500~1,000킬로그램, 소형 위성은 100~500킬로그램 정도다. 그 밖에 10~100킬로그램은 마이크로 위성, 1~10킬로그램은 나노 위성, 0.1~1킬로그램은 피코 위성, 0.1킬로그램은 펨토 위성이라고 부른다.

인공위성을 궤도에 따라 분류하면 저궤도 위성은 지구 상공 고도 250~2,000킬로미터, 중궤도 위성은 2,000~3만 6,000킬로미터, 정지궤도 위성은 3만 6,000킬로미터, 고궤도 위성은 3만 6,000킬로미터 이상을 돈다. 지구관측위성이나 첩보위성은 지구 표면을 관찰해야 하므로 낮은 궤도를 돈다. 우주정거장 역시 지구에 자주 오가야 하기 때문에 상대적으로 낮은 350킬로미터 상공에 있다. GPS 위성 등의 항법위성은 지구에 있는 건물의 위치나 이동수단의 경로를 파악해야 하기에 고도 2,000~3만 킬로미터 정도인 중궤도에 있다. 고도 3만 5,786킬로미터의 정지궤도에 있는 위성은 위성의 궤도 공전주기와 지구 자전주기가 일치하기 때문에 움직이지 않고 고정된 것처럼 보인다. 방송, 통신 목적의 위성이나 한 번에 넓은 지역의 날씨 변화를 관찰해야 하는 기상위성이 정지궤도에 있다. 태양동기궤도는 궤도면 회전주기와 지구의 공전주기가 같기 때문에 이곳에 있는 위성의 궤도면과 태양은 항상 같은 각도를 유지한다. 위성이 받는 태양 빛의 양이 늘 일정하므로 태양전지판이 안정적으로 전력을 생산할 수 있다.

목적에 따라서도 인공위성을 다양하게 나눌 수 있다. 방송통신위성은 TV, 라디오, 전화, 데이터 중계 등을 다룬다. 주로 정지궤도에 있고, 넓은 영역을 아우를 수 있지만, 자료 전송 시간이 지연되는 단점이 있다. 이동통신위성은 주로 중궤도나 저궤도를 돌지만, 사용 영역이 좁아 여러 대의 위성을 연계해 사용한다. 스페이스엑스의 스타링크 소형 위성이 이런 유형에 속한다. 기상위성은 날씨 정보를 제공하고, 지구관측위성은 지표면 영상 촬영, 농작물 작황 정보 파악, 해수면 온도나 대기 성분 파악 등의 임무를 수행한다. 또 항법위성으로는 미국의 GPS 위성, 유럽의 갈릴레오Galileo, 러시아의 글로나스GLONASS, 중국의 베이더우北斗, Beidou 등이 있다. 그리고 군사 목적의 정찰위성도 있다. 천체를 관측하는 허블우주망원경도 일종의 위성이어서 과학기술연구 위성이라고 부른다.

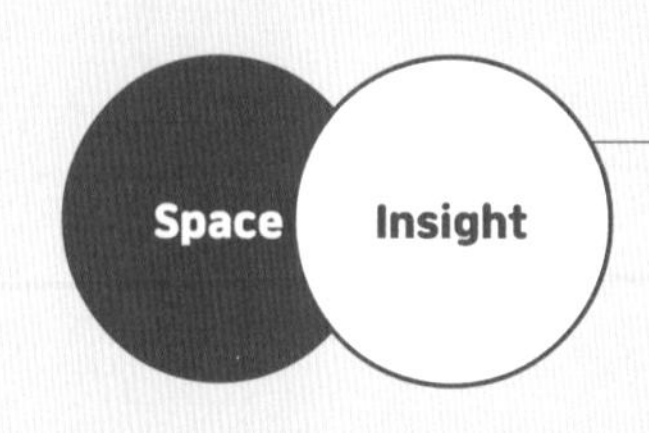

천문학계가 스페이스엑스에 반발한 이유는?

스페이스엑스가 2019년 5월 쏘아 올린 60개의 초소형 위성은 눈으로도 직접 볼 수 있다. 스페이스엑스는 앞으로도 꾸준히 위성을 쏘아 올려 총 4만여 개를 하늘에 띄울 예정이다. 이것이 앞서 설명한 우주 인터넷을 위한 스페이스엑스의 스타링크 프로젝트다.

그런데 머스크의 이 야심 찬 계획은 천문학계의 거센 반발에 부딪혔다. 한꺼번에 하늘에 뜬 초소형 위성들이 빛을 반사하여 천체 관측이 어려워졌기 때문이다. 현재 칠레에 건설되고 있는 대형 시놉틱 서베이 망원경Large Synoptic Survey Telescope, LSST은 암흑물질과 암흑에너지의 흔적을 찾는 게 주목적이다. 이에 따라 이 망원경은 극히 희미한 신호를 찾도록 설계됐다. LSST 과학자들의 주장에 따르면 스페이스엑스가 4만 개의 스타링크 위성을 모두 띄우면, LSST가 관측하는 이미지의 20퍼센트 정도를 쓸 수 없다.

천문학계의 이 같은 주장에 대응하기 위해 스페이스엑스는

2020년 1월에 표면을 어둡게 처리하여 빛을 적게 반사하는 다크샛DarkSat이라는 위성을 시험발사했다. 또한 같은 해 6월 3일에는 비저샛VisorSat을 발사했는데, 이 위성은 태양광을 차단하기 위해 햇빛 가리개를 장착했다. 그러나 일부 천문학자들은 스페이스엑스의 이런 대응에 회의적이다. 이 문제는 앞으로 천문학계와 스페이스엑스가 함께 논의해야 할 것이다.

과학자들은 좀 더 효과적인 방법은 위성의 궤도를 높이는 것이라고 조언한다. 이 방법대로 위성의 고도를 높이려면 더 강력한 트랜스미터(전송기)가 필요하다. 높아진 고도에서 지구 지상국으로 데이터를 전송하려면 트랜스미터의 성능이 더 좋아야 하기 때문이다. 이는 곧 비용 상승으로 이어진다. 비용 문제 때문에 스페이스엑스가 이 방안을 받아들일지는 미지수다. 더군다나 위성이 반사하는 빛 때문에 천문학 연구가 어려워지는 점과 관련해 뚜렷한 규제도 아직은 없다.

고민되는 점은 이런 문제 제기는 이제 시작일 뿐이라는 점이다. 스페이스엑스나 구글 등이 추진하는 우주 인터넷은 이전에는 상상조차 할 수 없는 일이었다. 이른바 뉴 스페이스 시대에 기상천외한 아이디어로 무장한 기업들이 속속 등장하면서 과거에는 생각지도 못했던 일들이 하나하나씩 문제로 드러나고 있다. 초소형 위성과 천문학계의 갈등은 그런 문제 가운데 하나일 뿐이고, 앞으로 또 어떤 문제들이 생길지 예측하기 어렵다. 이런 문제들이 어떻게 해결될지 지켜보는 것도 문제 자체만큼이나 흥미로운 일이다.

호모 스페이스쿠스

3장

세계 여러 나라의 달 탐사 각축전

세계 최초로 달의 뒷면에 착륙한 중국 우주선

중국은 지난 2007년부터 중국 달 탐사 프로그램China Lunar Exploration Program, CLEP을 추진하고 있다. 2019년 1월 이 프로그램은 기념비적인 업적을 달성했다. 달 탐사선 창어 4호嫦娥(상아), Chang'E-4, CE-4가 인류 최초로 달 뒷면 착륙에 성공한 것이다. 창어 4호는 2019년 1월 3일 오전 11시 26분 달의 뒷면 남극 근처 폰 카르만 크레이터Von Karman crater에 성공적으로 안착했다.

창어 4호에는 무인 로버 위투玉兎(옥토끼), Yutu-2도 실려 있었다. 위투는 달 표면에서 순조롭게 탐사 활동을 진행했다. 창어란 이름은 중국 전설 속 여신의 이름에서 따왔고, 위투는 우리도 잘 아는 달에 살고 있다는 옥토끼에서 따왔다.

달은 자전주기와 공전주기가 같으므로 지구에서는 항상 달의 앞면만 보인다. 아폴로 달 탐사 이후 인류가 달에 보낸 탐사선들은 모두 달의 앞면만 탐사했다. 달의 뒷면은 지구와 직접 교신하기 어렵기 때문이다. 달의 뒷면을 탐사하려면 지구와 달의 뒷면 사이에서 통신을 할 수 있어야 한다. 중국은 이 문제를 해결하기 위해 별도의 통신위성을 띄웠다. 중국은 창어가 달에 도착하기 8개월 전인 2018년 5월 통신위성 췌자오鵲橋를 발사해 창어 4호와 지구가 통신할 수 있도록 했다. 췌자오는 우리말로 '작교'인데, 견우와 직녀를 만나게 해준 전설 속 오작교에서 따온 이름이다. 인류 최초의 달 뒷면 탐사라는 업적을 세운 중국 달 탐사 프로그램 CLEP의 시작은 13년 전으로 거슬러 올라간다.

2007년 중국은 첫 번째 달 탐사선 창어 1호를 발사했다. 창어 1호는 달 궤도에 진입한 뒤 달 상공 200킬로미터에서 탐사 임무를 수행했다. 이어 중국은 2010년에 두 번째 달 궤도 탐사선 창어 2호를 발사했고, 2013년의 창어 3호부터는 달 착륙선과 로버를 함께 보냈다. 창어 3호에는 옥토끼 1호가 탑재됐다. 이후 2018년 12월에 발사된 창어 4호가 2019년 1월 달 뒷면에 착륙하는 데 성공했다. 이어 2020년 후반에는 창어 5호가 달에서 토양 등의 시료를 채취해 돌아올 계획이다. 창어 5호가 임무에 성공한다면 1976년 구소련의 루나 24Luna 24호 이후 40여 년 만에 달에서 시료를 가져오는 탐사선으로 기록될 것이다. 지금까지 달에서 시료를 채취해 지구로 가져온 나라는 미국과 러시아뿐이다.

CLEP는 크게 세 단계로 나뉜다. 첫 단계는 달 궤도에 탐사선을 보내는 것이고, 두 번째 단계는 달에 착륙선을 보내는 것이며, 세 번째 단계는 달에서 시료를 채취해 지구에 귀환하는 것이다. 이제 달에서 시료를 채취해 귀환하는 임무가 남은 셈이다. 한 가지 중요한 임무가 더 있는데, 바로 유인 달 탐사 계획이다. 중국은 창어 5호와 6호로는 시료를 채취한 후 귀환하는 임무를 수행하고, 이후 창어 7호와 8호로 추가 탐사를 진행한 후 우주인을 달에 보낼 계획을 세우고 있다. 이 모든 임무를 2020년부터 2030년 사이에 완료할 예정이라고 한다.

나사의 아르테미스 프로그램이 예정대로 진행된다면 미국은 2024년에 우주인을 다시 달에 보낼 것이다. 만약 중국이 2030년에 우주인을 달에 보낸다면 아르테미스보다 6년, 아폴로보다는 61년 뒤처진 셈이 된다. 그렇지만 중국이 처음으로 달에 궤도선을 보낸 때가 불과 13년 전인 2007년이었다는 점, 비교적 짧은 시간 동안 달 탐사에서 성과를 내고 있다는 점에서 미국이 중국을 의식하지 않을 수 없다는 것이 전문가들의 공통적인 견해다. 1960년대에 아폴로 우주선이 달을 탐사하던 시절 미국은 구소련과 우주 패권을 두고 자웅을 겨뤘다. 지금은 그 패권 다툼의 경쟁자가 중국으로 바뀌었다.

중국은 달 탐사 프로그램을 단독으로 추진하지 않았다. 이 프로그램을 추진하며 중국이 강조하는 것 중 하나는 국제 협력이다. 실제로 창어 4호와 옥토끼 2호, 췌자오 위성에는 국제 협력이 녹아 있다. 독일과 스웨덴, 네덜란드의 과학장비를 탑재체로 장착했고, 이들 국가와 협력해 과학장비 개발과 과학탐사 기획, 달 표면 착륙 등을 공동으로 진행했다. 중국국가우주국China National Space Administration은 러시아와도 달 탐사를 위해 협력하기로 합의했고, 이 밖에 터키, 에티오피아, 파키스탄 등과도 협력하기로 했다.

그런데 재미있게도 미국 나사가 주축이 된 국제 협력에 참여하는 국가들 대부분은 중국과의 국제 협력에 동참하지 않고 있다. 나사가 주도하는 국제 협력은 국제우주정거장 개발을 보면 잘 드러나는데, 국제우주정거장 건립에는 유럽연합의 몇 나라, 러시아, 캐나다, 일본 등 16개국이 참여했다. 중국은 여기에 참여하지 않았고 자체적으로 국제우주정거장 톈궁天宮을 쏘아 올렸다.

우리나라는 나사가 주축이 된 국제우주정거장 건설에도, 중국의 톈궁 건설에도 참여하지 못했다. 상황이 이렇기 때문에 미니우주정거장으로 불리는 달 궤도 게이트웨이에 참여해야 우주개발 분야의 국제 협력에서 뒤처지지 않을 것이란 주장이 나온다.

중국의 달 탐사 프로그램의 1차 목표는 물론 과학적 연구다. 달을 탐사하여 달이 어떻게 생성됐는지, 달의 내부는 어떤 물질로 구성됐는지를 밝히는 등의 과학적 연구를 수행하겠다는 것이다. 달의 생성 기원을 밝히는 일은 그 자체로도 흥미진진하지만, 지구와 태양계 생성의 비밀을 풀 단서를 찾을 수 있으므로 특히 중요하다. 과학자들은 그동안 진행된 달 탐사를 통해 달의 기원을 연구했다. 과거 과학자들은 작은 파편들이 모여 달이 만들어졌다고 추정했지만, 아폴로 우주선들이 가져온 토양 시료를 분석해보니 시료의 성분이 지구 내부의 맨틀과 비슷하다는 사실이 밝혀졌다. 현재 과학자들은 원시 지구가 완전히 식어 굳기 전에 일부가 떨어져나가 달이 됐다고 추정하고 있다.

창어 4호의 성공적인 탐사 활동으로 그동안 밝혀지지 않았던 달 뒷면의 속살이 조금씩 드러나고 있다. 중국과학원과 이탈리아 공동 연구진이 창어 4호가 1년 동안 관측한 자료를 분석했더니, 달의 뒷면을 덮고 있는 레골리스regolith층이 지금까지 생각했던 것보다 훨씬 두꺼웠다. 레골리스층은 암석을 덮는 불균일한 물질층으로 먼지와 토양, 암석 조각 등으로 구성된다. 무엇보다 레골리스를 활용해 달에 거주하는 데 필요한 자재나 부품들을 만들 수 있을 거라는 기대 때문에 이번 발견은 큰 관심을 얻고 있다.

물론 중국의 달 탐사에 이 같은 과학적 목적만 있는 것은 아니다. 누구나 인정하듯이 중국은 미국과 여러 분야에서 세계 패권을 두고 경쟁하고 있으며, 달 탐사를 포함한 우주개발 역시 그런 맥락에서 이해할 수 있다. 이른바 우주굴기다. 우주굴기는 1950년대에 마오쩌둥이 인공위성을 보유하겠다고 선언한 데서부터 시작됐다고 볼 수 있다. 이후 중국은 1970년에 첫 인공위성을 발사하며 우주 경쟁에 뛰어들었다. 창어 프로젝트는 이 우주굴기를 본격화한 것이라고 볼 수 있다.

흥미롭게도 중국의 우주굴기는 거의 모든 면에서 미국과 대척점에 서 있다. 중국은 미국을 중심으로 하는 국제 협력의 산물로 탄생한 국제우주정거장 대신 자체 우주정거장인 톈궁을 만들었고, 미국의 위성항법시스템인 GPS에 맞서기 위해 중국판 GPS인 베이더우 시스템을 구축하고 있다. 반세기 전 달의 앞면을 정복한 미국을 따라잡기 위해 중국이 선택한 전략은 인류 최초로 달의 뒷면에 착륙하는 것이었다.

미국은 중국의 우주굴기에 단호히게 대응하고 있다. 트럼프 대통령은 우주개발과 관련해 다른 나라가 미국보다 우위를 점하는 건 용납할 수 없다고 이미 밝힌 바 있다. 중국의 맹추격에 맞서기 위해 미국이 선택한 길은 일본과 손을 잡는 것이다. 아시아에서 중국을 견제할 수 있는 유일한 우방인 일본과 전략적 제휴를 한 셈이다. 짐 브라이든스타인 나사 국장은 2019년 9월 가사이 요시유키 일본 우주정책위원장과 면담하며 2020년대 후반에 양국 우주비행사가 함께 달 표면에 착륙하자는 유인 달 탐사 프로젝트를 제안했다. 이는 같은 해 5월 아베 신조 일본 총리가 일본을 국빈 방문한 트럼프 대통령에게 아르테미스 프로그램에 동참하는 방안을 검토하겠다고 먼저 제안한 데 따른 후속 조치다. 미국으로서는 천문학적인 비용이 드는 아르테미스 프로그램에 일본의 막

대한 자금력이 도움이 될 것이고, 만약 성사된다면 일본은 미국에 이어 세계에서 두 번째로 인간을 달에 보냈다는 타이틀을 거머쥘 수 있으니 역시 손해 보는 장사는 아니다. 결국 정치와 경제 등 폭넓은분야에 걸쳐 있던 중국과 미-일 연합의 경쟁이 우주 분야까지 확장되는 모양새다.

이유야 어쨌든 미국과 중국 등 여러 국가의 노력에 힘입어 달의 탄생에 관한 비밀 등 인류의 호기심을 충족해줄 과학적 성과를 예상보다 빨리 얻을 수 있을 듯하다.

인도의 달 남극 착륙 시도

전통적으로 우주개발 분야의 강국은 미국과 구소련이었다. 1950년대 구소련의 스푸트니크 위성 발사가 촉발한 미-소 경쟁은 아폴로 달 탐사를 정점으로 새로운 국면을 맞이한다. 바로 우주정거장이다. 1998년에 시작된 국제우주정거장 건설을 계기로 경쟁 관계였던 미국과 러시아는 협력 관계로 전환했다. 국제우주정거장은 미국을 비롯해 전 세계 16개국이 참여한 국제 협력의 산물이었다. 1989년 구소련이 무너지고 이후 국제우주정거장이 건설되자 우주개발 분야에서 미국의 적수는 사라진 듯했다.

그런데 이후 중국을 포함한 아시아 국가들이 우주 분야에서 신흥 강국으로 떠오르고 있다. 인도 역시 그중 하나다. 인도는 언뜻 우주와는 별 연관이 없어 보이지만, 사실은 그렇지 않다. 인도의 우주개발은 인도가 핵 보유국이라는 점과 밀접한 관련이 있다. 인도는 인접 국가인 파키스탄과 오랫동안 분쟁을 겪고 있다. 두 나라는 카슈미르 지역을 두고 서로 자기네 땅이라며 분쟁하고 있는데 두 나라 모두 핵 보유국이다. 두 나라가 군비 경쟁을 벌인 결과다. 우주개발에 사용하는 발사체는 군사용으로도 사용할 수 있다. 발사체에 인공위성을 탑재하면 인공위성 발사체가 되고, 핵탄두를 탑재하면 핵미사일이 된다. 그래서 핵을 보유한 국가는 우주 분야에서도 경쟁력을 띠는 것이 보통이다. 인도는 우주 분야의 신생아가 아니라 두각을 나타낼 기초 체력을 갖추고 있었다.

중국에 창어 탐사선이 있다면, 인도에는 찬드라얀Chandrayaan 탐사선이 있다. 찬드라얀은 인도 고대 언어인 산스크리트어로 '달 탐사선'이라는 뜻이다. 찬드라얀 1호는 인도 최초의 무인 달 탐사선이다. 인도에도 미국의 나사처럼 인도우주연구소Indian Space Research Organization라는 우주개발 전문 정부기관이 있다. 찬드라얀 1호는 2008년 10월 22일 인도우주연구소가 개발한 로켓에 실려 우주로 향했다. 인도가 자체 개발한 로켓을 보유하고 있다는 점은 아직 독자 기술로 개발한 발사체가 없는 우리나라 입장에서는 한없이 부러운 점이다.

찬드라얀 1호를 발사하는 데 성공한 인도는 일본과 중국에 이어 아시아에서 세 번째로 달을 탐사한 국가라는 영예를 차지했다. 찬드라얀 1호는 달 표면에 직접 착륙하지는 않고 달 충돌 탐사선Moon Impact Probe을 내려보냈다. 2008년 11월 14일 찬드라얀 1호에서 분리돼 하강하던 달 충돌 탐사선은 달의 남극 부분에 충돌했다. 이 충돌을 계기로 인도는 구소련과 미국, 유럽연합, 일본에 이어 세계에서 다섯 번째로 달 표면에 도달한 나라가 됐다.

찬드라얀 1호가 비록 달에 착륙하지는 못했지만 달 충돌 탐사선은 소기의 목적을 달성했는데 그 가운데 하나가 물을 발견한 일이다. 2009년 9월 나사는 과학저널《사이언스》에 찬드라얀 1호에 탑재된 달 광물 지도기Moon Mineralogy Mapper를 통해 물을 발견했다는 내용의 논문을 발표했다. 나사가 찬드라얀 1호를 통해 달에서 물을 발견했다고 발표한 다음 날, 인도우주연구소는 달 충돌 탐사선이 충돌 바로 직전에 달에서 물을 발견했다고 공식 발표했다.

달에서 물을 발견한 찬드라얀 1호의 업적은 과학적으로 의미가 크다. 물이 있으면 생명체가 존재할 수 있다는 가능성도 있지만 그 밖에 수소 에너지를 얻을 수 있다는 의미이기 때문이다. 찬드라얀 1호의 발견은 그동안 우주 분야에서 변방으로 여겨졌던 인도를 단숨에 우주 강국으로 만들어주었다.

찬드라얀 1호를 발사한 지 11년 만인 2019년 7월 인도는 찬드라얀 2호를 발사했다. 찬드라얀 2호는 인도우주연구소가 개발한 로켓인 정지궤도위성 발사체 마크 3Geosynchronous Satellite Launch Vehicle Mark III에 실려 힘차게 달로 향했고, 한 달 뒤인 8월 20일 달 궤도에 도달했다. 찬드라얀 2호의 주 임무는 달에 탐사선을 직접 내려보내는 것이었다. 찬드라얀 2호는 달 궤도를 도는 모선母船인 달 궤도선과 착륙선 비크람Vikram, 무인 로버 프라그얀Pragyan 등으로 구성됐다. 달 궤도선의 임무는 1년 정도 달 궤도를 돌며 달 표면을 촬영하고 달의 대기 등을 연구하는 것이다. 찬드라얀 2호의 달 착륙선 비크람은 2019년 9월 7일 달 착륙을 시도했으나 착륙을 시도하던 중 인도우주연구소와 교신이 끊기고 말았다. 비크람의 임무는 실패했지만 찬드라얀 2호는 여전히 달 궤도를 돌며 임무를 수행하고 있다.

찬드라얀 2호의 달 탐사는 이전 달 탐사와 다른 점이 있다. 무인 로버 프라그얀을 통해 헬륨-3 탐사에 나서려고 했는 점이다. 핵융합의 원료인 헬륨-3는 지구에는 거의 없지만, 지구와 달리 대기가 없는 달에는 우주에서 오는 헬륨-3가 고스란히 쌓여 있을 것으로 추정된다. 우리나라 과학자를 포함한 국제 연구진이 달의 헬륨-3 분포 지도를 만들었는데, 그 밑바탕이 되는 자료에 찬드라얀 1호가 측정한 자료도 포함됐다. 비록 성공하지는 못했지만, 인도가 찬드라얀 2호를 통해 헬륨-3 탐사에 나섰다는 것은 달의 자원 탐사에 불이 지펴졌다는 점을 시사한다. 달에서 자원을 캐내 상업적으로 이용하는 상업용 달 탐사가 예상보다 앞당겨

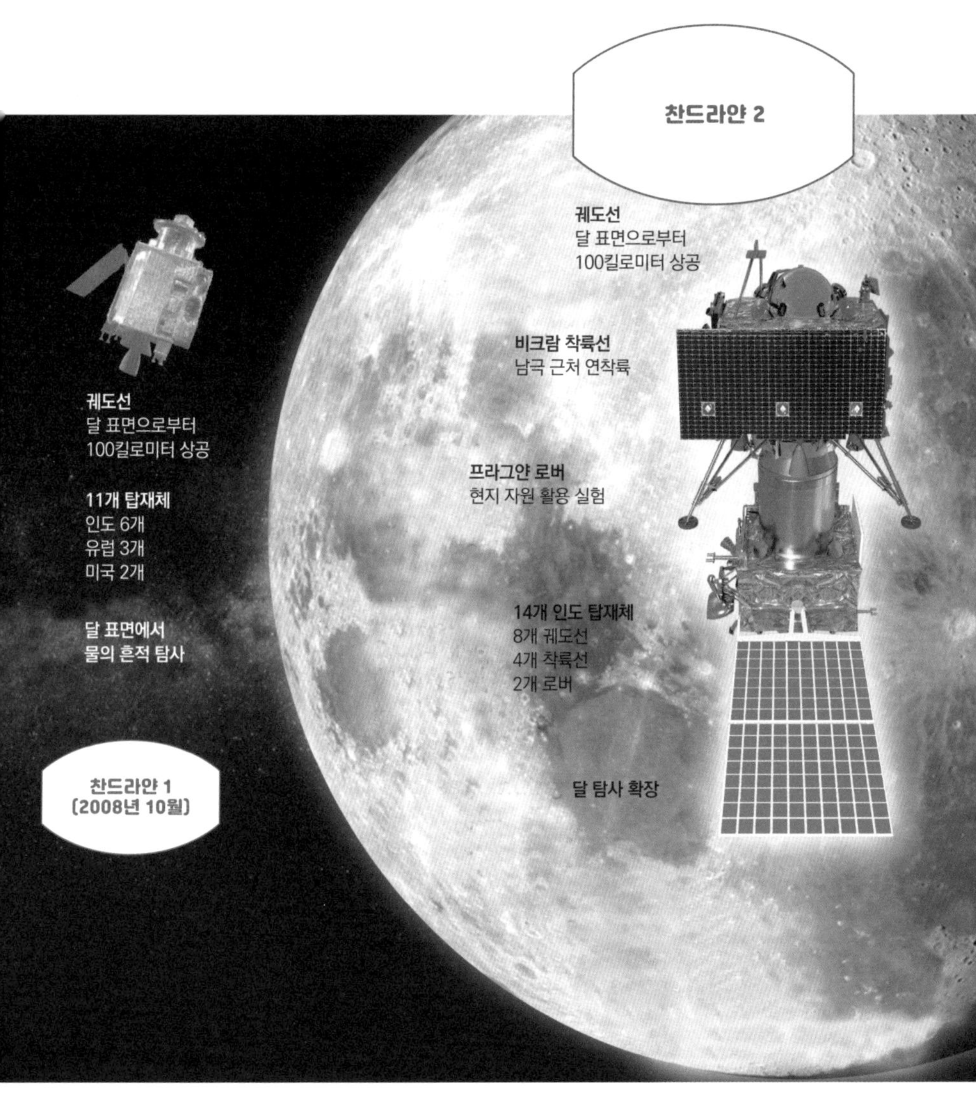

ⓒWikimedia Commons

찬드라얀 1호를 발사한 지 11년 만인 2019년
인도는 찬드라얀 2호를 발사했다.

질 수 있다는 의미다. 이것이 전 세계 주요 국가들이 아폴로 달 탐사 50주년을 맞아 너도나도 달 탐사에 뛰어드는 주요 이유 가운데 하나다.

한 가지 더 흥미로운 점은 찬드라얀 2호의 총 제작 비용이 할리우드 블록버스터 영화 한 편 정도에 불과하다는 점이다. 찬드라얀 2호의 총 제작 비용은 1억 2,300만 달러로 추정되는데, 크리스토퍼 놀란 감독의 SF 영화 〈인터스텔라Interstellar〉의 제작비 1억 6,500만 달러보다 적은 액수다.

아시아의 맹주 일본, 반격에 나서다!

현재 미국과 경제패권을 두고 자웅을 겨루는 나라는 단연 중국이다. 하지만 예전에는 미국 다음의 경제 대국이 일본이었다. 1980년대에 황금기를 보낸 일본은 1990년대에 '잃어버린 10년'을 맞으며 극심한 경기침체를 겪었다. 이후 한국 등 신흥국가들이 부상하고 중국의 경제 대국화가 본격화하면서 일본 경제는 예전 같지 않다는 평가를 받는다. 일본은 현재 경제력과 정치력이 중국에 뒤처져 있지만, 아시아에서는 우주 분야 강국이다.

일본은 1990년 1월 24일에 아시아 최초로 달 궤도선을 쏘아 올렸다. 하이텐Hiten이라는 궤도선을 자체 개발한 뮤지스-A MUSES-A 로켓에 실어 발사한 것이다. 하이텐은 일본의 첫 번째 달 탐사선이자, 1976년 구소련의 루나 24호 발사 이후 14년 만에 발사된 달 탐사선이다. 달 궤도에 근접한 하이텐은 작은 궤도선인 하고로모Hagoromo를 분리했다. 하지만 이후 하고로모와 지구의 교신이 끊겨버렸다.

하이텐 이후 한동안 달 탐사를 중지한 일본은 2007년 두 번째 달 궤도선을 발사했다. 셀레네SELENE라는 이 궤도선의 이름은 가구야Kaguya로도 알려졌다. 가구야라는 별명은 공모를 통해 결정됐는데, 일본 신화에 등장하는 달의 공주 이름이다. 가구야는 2007년 9월 14일 H-2A 로켓에 실려 발사됐다.

H-2A 로켓은 일본 미쓰비시중공업이 제작한 로켓으로 지구 저궤도까지는 10~15톤의 탑재물을 올릴 수 있고, 정지천이궤도geo stationary transfer orbit, GTO*까지는 4~6톤의 탑재물을 올릴 수 있다. 2001년 8월 29일 처음으로 발사된 H-2A 로켓은 지금도 일본의 주력 로켓 가운데 하나로 이용된다. 2003년 11월부터 2017년 12월까지 37회 발사됐으며, 이 가운데 31번을 연속해서 발사에 성공했다.

* 정지궤도에 이르는 중간 단계의 궤도로 지구에서 가깝게는 250킬로미터, 멀게는 3만 5,786킬로미터의 타원형 궤도다. 인공위성이 천이궤도에 진입하면 아무 동력 없이 관성만으로 돌 수 있다. 여기서 추가 동력을 사용해 정지궤도에 진입한다.

©NASA

글로벌 강수량 측정 장비를 싣고

발사 대기 중인 일본의 H-2A 로켓.

달 탐사선 가구야의 원래 발사 일정은 2003년이었지만, 기술적인 문제 때문에 2007년으로 발사 일정이 연기됐고, 이후에도 전기장비의 문제 때문에 한 차례 더 발사가 연기돼 결국 2007년 9월 14일 발사됐다. 달 궤도에 무사히 안착한 가구야 달 궤도선은 2009년 6월 10일 달 표면에 충돌했다. 가구야가 달 표면에 충돌함으로써 일본은 구소련과 미국에 이어 세계에서 세 번째로 달 표면을 '터치'한 국가로 기록됐다. 가구야는 알스타Rstar와 비스타Vstar라는 두 개의 작은 궤도선을 가지고 있었다. 둘은 역시 가구야 설화에서 따온 오키나Okina와 오우나Ouna라는 별명이 붙어 있었다. 오키나는 달 표면에 충돌했고, 오우나는 달 궤도에 남아 임무를 수행했다.

가구야의 달 탐사 성과 가운데 하나는 구글의 달 3-D 지도 제작에 사용된 상세 고도와 지정학적 자료를 제공했다는 점이다. 또한 전 세계적으로 달 탐사에 관한 관심을 다시 촉발시켰다. 일본의 가구야 달 탐사 이후 한 달 뒤인 2007년 10월에 중국이 달 탐사선 창어 1호를 발사했고, 인도가 다음 해인 2008년에 달 탐사선 찬드라얀 1호를 발사했다. 그리고 미국이 2009년 6월에 달 정찰 궤도선United States Lunar Reconnaissance Orbiter을 발사했다. 가구야 달 탐사는 미국의 아폴로 달 탐사 이후 최대의 달 탐사 프로그램으로 기록됐다.

가구야(셀레네-1) 이후 일본은 셀레네-2 프로젝트를 추진했다. 셀레네-2 달 탐사선은 궤도선과 착륙선, 로버로 구성될 예정이었다. 그런데 프로젝트는 취소됐고 2015년 3월에 공식 종료됐다. 그 이유는 두 가지로 추측되는데, 하나는 비용이고 또 하나는 일본이 독자적으로 달에 착륙선을 보내더라도 비용 대비 실익이 적다는 한계를 들 수 있다. 하지만 일본이 미국과 협력해 셀레네-2를 추진한다면 얘기는 달라질 것이다. 비용 문제는 차치하더라도 미국과 공동으로 달 탐사를 추진한다는 것은 그만큼 일본의 기술력이 미국과 대등하다는 의미이기 때문이다. 이는 곧 우주 분야에서만큼은 국제사회에서 일본의 국격이 상승한다는 뜻이다. 표면적으론 과학적 목적의 국제 협력이지만 속내를 들여다보면 정치적 이해가 미묘하게 얽혀 있다. 결론적으로 일본은 셀레네-2를 포기하고 새로운 달 탐사 프로그램을 추진하고 있다. 셀레네-2보다 비용이 매우 낮고 일본의 이익을 가장 잘 반영한 일명 슬림Smart Lander for Investimating Moon, SLIM이라는 달 착륙선 프로그램이다. 슬림 달 착륙선은 H-2A 202 로켓에 실려 2022년에 발사될 예정이다.

일본은 이 밖에도 인도와 함께 찬드라얀 3호 탐사를 계획하고 있다. 찬드라얀 3호는 2024년 달에 무인 로버를 보낼 계획인데, 일본은 H3 로켓과 로버 개발을 담당하고, 인도는 착륙선 개발을 맡았다고 한다.

일본은 우주개발과 관련해 독자 기술을 꾸준히 확보하는 한편 미국과 긴밀하게 협력해왔다. 미국이 주도하여 전 세계 16개국이 함께 건립한 국제우주정거장에 참여한 것이 좋은 사례다. 일본은 나사가 추진하는 달 궤도 미니 정거장 게이트웨이에도 참여할 것이다. 이런 일본이 인도와 손잡고 달에 무인 로버를 보내려 하는 데는 남다른 의미가 있다. 그동안 일본은 미국과 우주개발 분야에서 협력했지만 주도적인 역할을 하지는 못했다. 일본은 다시 불붙은 달 탐사 경쟁에서 주도권을 잡고 우주 분야의 아시아 맹주라는 타이틀을 되찾으려는 것 같다. 일본의 나사 격인 JAXA Japan Aerospace Exploration Agency는 2030년대에 달에 우주인을 보낼 계획이다.

일본의 달 탐사 프로젝트에는 우주 분야에서 패권을 공고히 하겠다는 의지 외에 달을 상업용으로 활용하겠다는 뜻이 담겨 있다. 일본 굴지의 건설회사 시미즈 Shimizu Corporation는 흥미로운 사업 계획을 발표했다. 달 적도 궤도에 1만 1,000킬로미터에 달하는 태양광 패널을 마치 고리처럼 건설한다는 것이다. 이 태양광 패널은 태양광을 에너지로 전환하는데, 이 에너지를 지구에 빔으로 쏴 지구에서 에너지원으로 활용한다는 계획이다.* 또한 최근 도요타자동차는 달 표면을 달리는 수소차를 개발하겠다고 밝혔다. 도요타가 개발할 달 탐사차는 우주선처럼 내부에 공기를 공급하므로 탑승자가 우주복을 착용하지 않아도 된다. 탑승 정원이 두 명이지만 최대 네 명까지 탑승할 수 있다. JAXA는 2029~2034년에 달 탐사

* 《워싱턴포스트》는 2015년 이 같은 내용을 담은 기사를 보도했다. 'Why it matters that Japan is going to the moon'(2015년 4월 30일자)

차를 이용해 매일 다섯 차례씩 42일 동안 달의 남극 부근 약 2,000킬로미터를 이동하며 탐사할 계획이다. 달은 지구와 달리 낮과 밤이 2주씩 지속되므로 탐사차는 낮에 탐사 활동을 하고 밤에는 착륙선 근처로 돌아가 연료 등을 보급받을 예정이라고 한다.

러시아, 구소련의 영광을 다시!

인류의 달 탐사에서 빼놓을 수 없는 나라가 러시아다. 1950~60년대 인류의 본격적인 달 탐사는 구소련과 미국의 우주 경쟁으로 촉발됐다. 초기의 선두주자는 구소련이었다. 구소련은 1957년 10월 세계 최초로 인공위성 스푸트니크 1호를 발사한 이후 루나Luna 프로젝트라는 달 탐사 계획을 세웠다. 루나는 '인류 최초'의 기록을 써내려갔다. 사실 유인 달 탐사를 제외하면 인류의 달 탐사에서 거의 모든 최초의 기록은 구소련이 보유하고 있다.

루나 1호는 메치타Mechta로도 불리는데, 러시아어로 꿈이라는 뜻이다. 1959년 1월 2일 발사된 루나 1호는 이틀 후 달 표면으로부터 5,995킬로미터 상공까지 근접 비행하는 데 성공했다. 루나 1호가 달 상공에 도착하기에 앞서 미국도 파이어니어 1, 2, 3호를 발사했지만 모두 달 궤도에 진입하는 데 실패했다. 그렇게 루나 1호는 세계 최초의 달 탐사선으로 기록됐다.

구소련이 같은 해 9월 12일 발사한 루나 2호는 9월 14일 고요의 바다에 충돌했다. 이로써 루나 2호는 인류 최초로 달 표면에 충돌한 탐사선으로 기록됐다.

한 달 뒤인 10월 4일 발사된 루나 3호는 인류 최초로 달 뒷면의 사진을 전송했다. 루나 3호가 사진을 보내기 전까지 인류는 단 한 번도 달의 뒷면을 본 적이 없었다. 루나 3호가 보낸 달의 뒷면 사진은 현재의 고해상도 사진보다 질이 많이 떨어지지만, 인류가 달에 폭발적인 관심을 갖게 하는 계기가 됐다. 구소련의 연이은 달 탐사 성공에 절치부심하던 미국은 1964년 7월 28일 레인저 7호를 이용한 달 표면 충돌에 성공했다.

루나의 '최초'의 기록은 그 후로도 계속됐다. 루나 3호가 발사되고 7년 뒤인 1966년 1월 31일 구소련은 루나 9호를 발사해 세계 최초로 달 표면 착륙에 성공했고, 달 표면에서 촬영한 사진을 지구에 전송했다. 물론 루나 9호는 무인 달 착륙선이었다. 하지만 루나 9호는 인류의 달 탐사에서 연착륙soft landing 성공이라는 성과를 냈다. 루나 9호 이전까지는 탐사선이 달에 착륙하는 것이 아니라 달과 충돌했다. 즉 탐사선이 달 표면까지 날아가면서 표면을 근접 촬영하고 이후 표면에 충돌하면 임무를 종료하는 식이었다. 그런데 루나 9호는 최초로 달 표면과 충돌하는 대신 달 표면에 착륙했다.

1966년 3월 31일 발사된 루나 10호는 최초로 달 궤도에 진

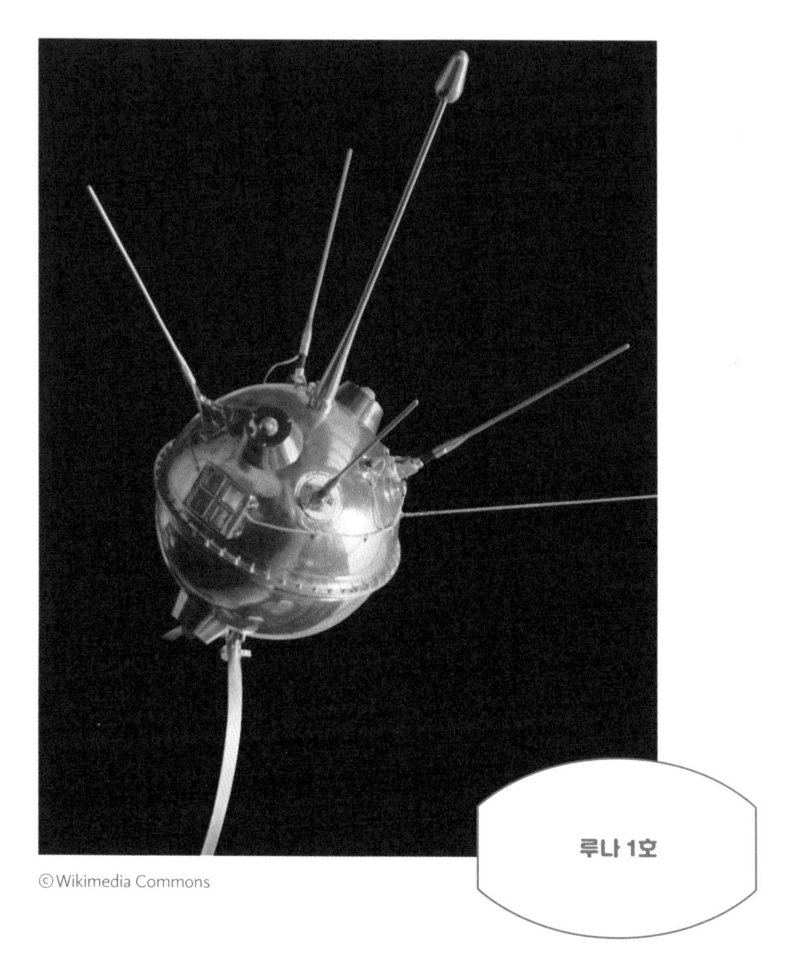

©Wikimedia Commons

루나 1호

루나 1호는 메치타로도 불리는데,
러시아어로 꿈이라는 뜻이다.
1959년 1월 2일 발사된 루나 1호는 이틀 후
달 표면으로부터 5,995킬로미터 상공까지
근접 비행하는 데 성공했다.

입했다. 달 궤도 진입에 성공한 루나 10호는 인류 최초의 달 인공 위성이라는 영예를 차지했다. 미국의 서베이어 1호는 두 달 뒤인 5월 30일에야 달 표면 착륙에 성공했다.

이때까지만 해도 달 탐사에서 미국은 구소련에 뒤처지는 양상이었다. 하지만 1968년 12월 21일 발사한 아폴로 8호가 세계 최초로 유인 달 궤도 진입에 성공했고, 미국은 이 기세를 몰아 1969년 7월 20일 아폴로 11호의 유인 달 착륙을 성공시켰다. 이 사건은 미국이 우주 분야에서 구소련을 추월하기 시작한 결정적 계기가 됐다.

비록 유인 달 탐사에서는 미국에 뒤처졌지만, 구소련의 반격도 거셌다. 1970년 9월 12일 발사된 무인 우주선 루나 16호가 달의 토양을 채취해 귀환했고, 두 달 뒤인 11월 10일에는 루나 17호에 실려 간 무인 로버 루노호트Lunokhod 1호가 달에 착륙했다. 인류 최초의 기록이다. 미국과 구소련은 앞서거니 뒤서거니 계속해서 달에 우주선을 보냈다. 구소련의 루나 프로그램은 1976년 8월 9일 발사된 루나 24호를 마지막으로 종료됐다. 루나 24호는 8월 22일 시료를 가지고 귀환하는 데 성공했다.

현재 러시아는 35년 만에 루나 25호를 발사하려 하고 있다. 루나 25호는 2021년 발사돼 달의 남극에 착륙할 예정이다. 2021년은 미국이 아르테미스 프로그램에 따라 아르테미스 1호를 달에 발사하는 해인데, 아무래도 러시아가 미국을 의식해 루나 프로그램을 부활시켰다고 볼 수도 있는 대목이다. 게다가 달의 남극이 목표 착륙지라는 점도 같다. 앞서 언급한 인도의 달 탐사선 찬드라얀 2호의 목적지도 달의 남극이었다.

최근 달 탐사를 추진하는 우주 강국들은 너도나도 달의 남극 탐사를 추진하고 있다. 달의 남극에는 물을 비롯해 풍부한 지하자원이 매장돼 있기 때문이다. 2020년대에 추진되는 새로운 달 탐사는 과거처럼 단순히 달에 착륙하거나 사람을 보내는 것이 목적이 아니라 달의 무엇인가를 이용하는, 즉 상업적으로 활용하기 위한 탐사임을 다시 한 번 확인할 수 있다. 여기에 더해 유럽연합도 2024년까지 달에 유인 착륙선을 보낼 계획이나. 바야흐로 전 세계에 달 탐사 경쟁이 거세게 불고 있다.

달 탐사에 도전하는 민간기업들

현재 달 탐사 프로그램을 추진하고 있는 나라는 미국, 중국, 인도 등이다. 모두 정부가 주도하여 프로그램을 이끌고 있는데, 이제는 민간기업이 주도하는 달 탐사 프로그램까지 등장해 관심을 끌고 있다.

팔레스타인과 끊임없이 분쟁을 벌이고 있는 이스라엘에도 민간 우주기업이 있다. 자원이 부족한 탓에 기술 혁신을 통해 강소국으로 성장한 이스라엘에는 스페이스일SpaceIL이라는 민간 비영리 우주기업이 있다. 이 회사는 이스라엘의 억만장자 사업가 모리스 칸Morris Kahn이 2011년에 설립했다. 우주 분야의 후발주자인 이스라엘, 그 이스라엘의 비영리 민간기업인 스페이스일이 주목받는 이유는 베레시트Beresheet라는 달 탐사선이 있기 때문이다. 베레시트는 히브리어로 창세기라는 뜻이다. 칸 등은 1억 달러를 기부해 베레시트를 제작했고, 이스라엘 국영 방위산업체인 이스라엘 항공우주산업Israel Aerospace Industries과 협력해 달로 발사했다.

2019년 2월 22일 베레시트 탐사선은 미국 스페이스엑스의 팰컨 9 로켓에 실려 케네디우주센터에서 발사됐다. 47일 동안 지구를 수차례 회전하면서 달로 다가간 베레시트는 달 착륙 마지막 순간에 추락해 산산조각이 나고 말았다. 만약 베레시트가 성공했다면 이스라엘은 달 표면에 도달한 네 번째 국가가 됐을 것이다. 비록 실패했지만 이 시도는 민간 우주기업이 주도한 세계 최초의 달 탐사였다는 점에서 의미가 크다. 스페이스일 같은 민간 우주기업의 등장은 인류가 달 탐사를 시작한 지 반세기가 지난 지금 뉴스페이스라는 우주개발의 새로운 패러다임이 도래했다는 점을 보여주는 또 다른 사례다.

스페이스일과 관련해 주목할 만한 것이 구글 루나 엑스프라이즈Google Lunar Xprize다. 구글 루나 엑스프라이즈는 엑스프라이즈 재단XPrize Foundation과 구글이 주최하는 우주 경연대회로 상금이

3,000만 달러, 우리 돈으로 360억 원이나 된다. 이 경연대회의 임무는 민간 투자를 받은 팀이 무인 탐사선을 달 표면에 착륙시킨 후 500미터를 이동하면서 고화질 영상과 사진 자료를 지구로 전송하는 것이었다. 2018년에는 스페이스일을 비롯해 다섯 개 팀이 경연에 참여했지만 모두 마감인 3월 31일을 넘겨 임무는 실패했다. 2018년 4월이 지나 엑스프라이즈 재단은 루나 엑스프라이즈 경연대회를 상금 없이 진행한다고 밝혔다. 1년 후인 2019년 4월 11일 스페이스일의 베레시트가 달 착륙을 시도하던 중 폭발했지만, 달 표면과의 충돌touch을 뒤늦게 인정받아 엑스프라이즈 재단으로부터 100만 달러를 받았다.

구글 루나 엑스프라이즈 경연대회에 참여한 팀 가운데는 스페이스일 외에도 일본 민간기업이 만든 하쿠토Hakuto가 많은 주목을 받았다. 하쿠토는 일본의 신화 속 하얀 토끼에서 이름을 따왔다고 한다. 2018년 루나 엑스프라이즈가 종료되자 하쿠토는 아이스페이스ispace라는 기업으로 변모하여 소라토Sorato라는 달 탐사 무인 로버를 개발했다. 2019년 8월 아이스페이스는 하쿠토-RHakuto-R이라는 달 탐사 프로그램을 발표했다. 이 프로그램은 2021년에 달에 착륙하겠다는 계획인데, 스페이스엑스의 팰컨 9 블록 5Falcon 9 Block 5 로켓에 달 착륙선을 실어 발사할 예정이다. 이후 2023년 3월에는 하쿠토-R 임무 2를 통해 달 착륙선과 함께 무인 로버를 보낼 계획이라고 한다.

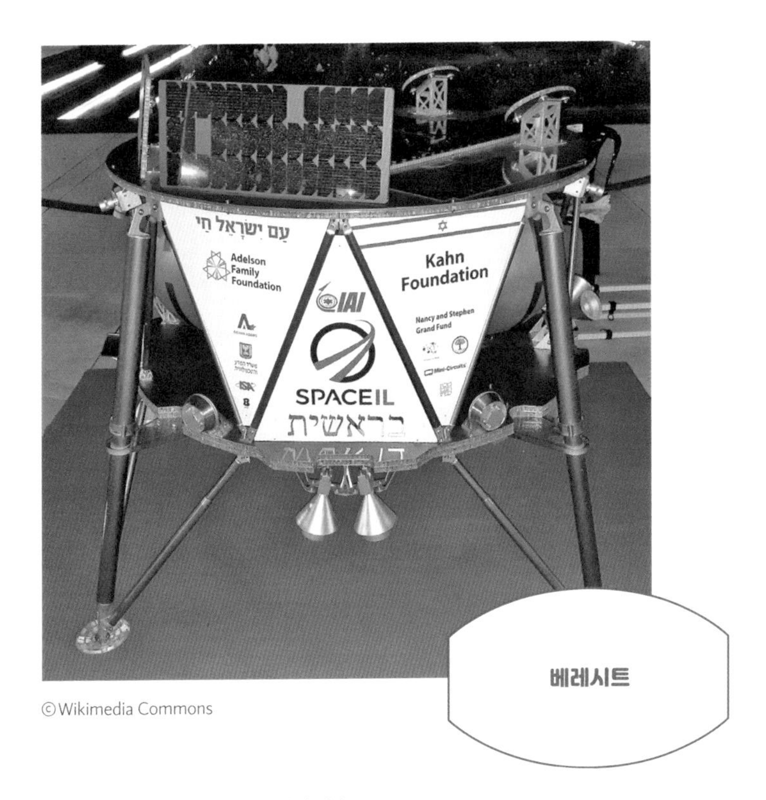

©Wikimedia Commons

베레시트

2019년 2월 22일 베레시트 탐사선은
미국 스페이스엑스의 팰컨 9 로켓에 실려
케네디우주센터에서 발사됐다.

루나 엑스프라이즈 경연대회에 참가한 주목할 만한 기업 가운데 문 익스프레스Moon Express라는 미국 민간 우주기업도 있다. 문 익스프레스 역시 달에 착륙선을 보낼 계획인데, 2020년에 상업용 화물을 탑재해 보낼 것이라고 한다. 문 익스프레스는 2015년에 앞서 소개한 소형 로켓 전문 발사업체인 로켓 랩과 발사 계약을 체결했다. 첫 번째 임무인 루나 스카우트Lunar Scout는 2020년 7월로 예정돼 있으며, 달 착륙선에 세 개의 탑재체를 실을 예정이다. 문 익스프레스의 달 착륙선은 MX로 불리는데, 문 익스프레스는 MX1, MX2, MX5, MX9 등의 MX 착륙선 패밀리를 보유하고 있다. 두 번째 임무인 루나 아웃포스트Lunar Outpost는 달의 남극 시역에 무인 착륙선 MX3를 보낼 예정이며, 세 번째 임무 하베스트 문Harvest Moon은 달에서 시료를 채취해 지구로 가져오는 것이 목표다.

스페이스일의 베레시트를 필두로 민간 우주기업의 달 탐사 프로젝트가 속속 진행되고 있다. 민간기업의 도전은 그 자체만으로도 의미가 있지만, 문 익스프레스의 상업용 발사에서도 알 수 있듯이 결국 우주에서 돈을 벌 수 있는 시대가 성큼 다가왔다는 점을 방증한다.

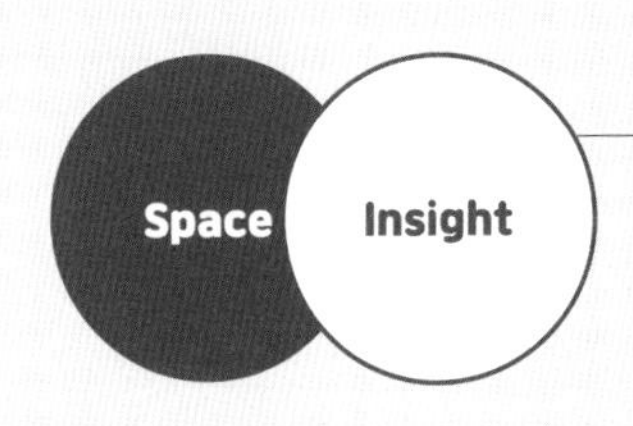

화성 탑승권

2019년 나사가 화성에 갈 수 있는 온라인 탑승권을 발급했다. 전 세계에 걸쳐 1,093만 2,295장의 탑승권이 발급됐다. 물론 이 탑승권으로 실제 화성에 갈 수 있는 것은 아니다. 탑승권을 발급받은 사람들의 이름이 마이크로칩에 새겨져 마스 2020 로버MARS 2020 Rover와 함께 화성으로 향할 것이다.

화성 탑승권

그래서 이 행사의 이름도 '화성에 이름 보내기SEND YOUR NAME TO MARS'였다. 나사가 주최한 행사니 당연히 미국에서 가장 많은 탑승권이 발급됐을 것 같지만, 흥미롭게도 발급 1위 국가는 터키였다. 그렇다면 미국은 2위를 차지했을까? 2위는 인도였다. 미국은 터키와 인도에 이어 3위를 차지했고, 4위는 중국이 차지했다. 이란, 영국, 인도네시아에 이어 한국이 8위를 기록했고 멕시코, 이스라엘, 이탈리아, 브라질, 이집트, 러시아, 캐나다, 스페인, 태국 등이 뒤따랐다.

여기서 특이한 점은 터키와 인도가 미국을 제쳤다는 점과 이란과 인도네시아가 우리나라를 앞섰다는 점이다. 터키가 발급받은 탑승권의 수는 252만 8,844장으로 미국의 173만 3,559장보다 압도적으로 많다. 2위인 인도는 177만 8,277장으로 간발의 차이로 미국을 따돌렸다. 4위인 중국은 29만 2,071장으로 3위인 미국과는 현격한 차이가 있다. 한국은 20만 3,814장을 기록했다.

얼핏 생각하면 터키는 우주와 별 관련이 없어 보인다. 터키하면 블루 모스크와 소피아 성당, 케밥 정도가 떠오른다. 하지만 터키에는 우리에게는 잘 알려지지 않은 우주 영웅이 있다. 페이스 오즈멘Faith Ozmen이라는 자수성가한 억만장자다. 터키에서 태어난 그는 미국 네바다대학교를 졸업한 후 시에라 네바다 코퍼레이션Sierra Nevada Corporation, SNC을 세웠다. 미 국방부와 나사의 주요 민간 협력업체인 SNC는 1992년부터 나사의 화성 탐사에 참여했으며 마스 2020 로버에 들어가는 주요 부품을 제작했다. 페이스 오즈멘은 터키판 일론 머스크라고 볼 수 있다.

미국에 사는 터키 출신 사업가 오즈멘 덕분에 터키가 화성 탑승권 이벤트에서 1등을 했다고 말할 수는 없다. 하지만 나사의 주요 협력업체의 소유주이자 CEO가 터키인이라는 점은 우주 분야에 대한 터키인들의 관심에 어떤 식으로든 영향을 끼쳤을 것이다.

아쉽게도 한국에는 아직 오즈멘처럼 영향력 있는 우주사업가가 없다. 그래서일까? 아니면 인구의 차이에서일까? 한국의 탑승권 발급량은 터키의 10분의 1에도 미치지 못했다. 찬드라얀과 망갈리안Mangalyaan으로 달과 화성 탐사에 나선 인도가 미국을 제치고 2위를 한 것은 뜻밖이기는 하지만 터키의 경우만큼 놀랍지는 않다. 이보다는 인구가 무척 많은 중국의 발급량이 미국보다 현격히 적다는 점이 오히려 더 흥미롭다. 아마도 미-중 무역전쟁 등이 중국의 저조한 발급량에 영향을 미친 듯하다.

또 하나 터키만큼 눈에 띄는 국가는 이란이다. 트럼프 행정부와 전쟁마저 불사하겠다며 대립하고 있는 이란에는 우리나라에는 없는 우주청Iranian Space Agency이 있다. 오즈멘의 사례와 비슷하게 이란에도 우주 영웅이 있다. 사실 영웅까지는 아니고 과학자다. 이란 출신의 자말 야고비Jamal Yaghoubi는 미국 우스터공대의 연구원으로서 화성 탐사에 필요한 냉각 시스템을 개발했다. 일렉트로 하이드로다이내믹 시스템electro-hydrodynamic system이라는 우주선 냉각장치다. 우주는 매우 추운 곳이지만, 우주선은 태양 빛에 노출되는 즉시 온도가 끓는점까지 올라간다. 우주선 내의 모든 전기장치와 우주인도 열을 발산한다. 이 때문에 우주선 냉각장치는 장거리 우주비행에 매우 중요하다. 자말 연구 팀은 2017년 국제우주정거장에서 테스트를 미쳤으며, 2021년까지 한층 진보한 냉각 시스템을 만들 계획이다.

참고로 화성 탑승권 발급 수에서 우리나라 바로 앞에 있는 인도네시아도 우주청을 보유하고 있다. 우리나라 뒤에 있는 국가 가운데 눈에 띄는 나라는 태국이다. 태국은 13만 516장으로 17위를 차지했다. 왕정국가인 태국은 왕실이 우주 분야에 특히 관심이 많다고 한다.

사실 화성 탑승권 발급은 단순히 재미로 하는 행사지만, 발급 대상국의 국민들이 얼마나 우주 분야에 관심이 있는지를 보여주기도 한다. 지금까지 살펴본 바를 종합하면 우주 분야에 대한 한 나라의 관심은 그 나라를 대표하는 우주인(사업가가 됐든 과학자가 됐든 실제 우주인이 됐든)이 존재하느냐, 우주정책을 강력하게 추진할 우주 전문기관이 존재하느냐, 지도자가 우주 분야에 얼마나 관심이 있느냐 등이 좌우하는 듯하다.

우리나라의 경우 현재 우주 분야의 길을 걷고 있지는 않지만 국제우주정거장에 체류했던 한국 최초의 우주인이 있고, 자체 기술로 위성을 개발해 말레이시아, 싱가포르, 아랍에미리트 등에 수출하는 민간 우주기업이 있다. 이런 저력을 바탕으로 한국이 나사의 화성 탑승권 발급 행사에서 8위를 차지한 것은 아닐까?

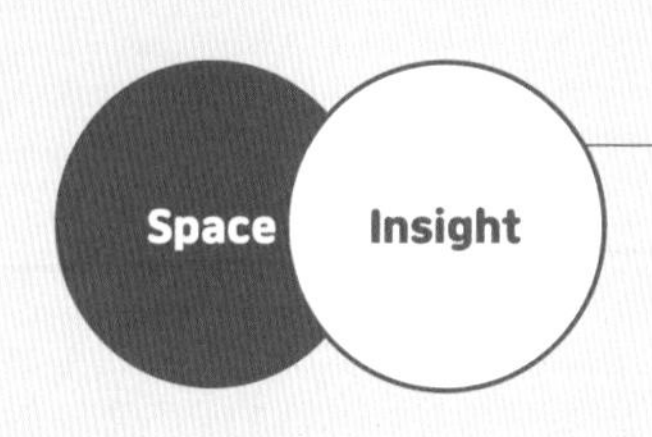

우주여행이 노화에 미치는 영향

동서고금, 만고불변의 진리 가운데 하나는 인간은 늙고 싶어 하지 않는다는 것이다. 그래서 옛날 중국의 진시황은 불로초를 찾기 위해 탐라(제주도)까지 신하를 보내는 등 부단한 노력을 기울였다. 하지만 끝끝내 진시황은 꿈에 그리던 불로초를 찾지 못했다. 만약 진시황이 지금 살아 있다면 불로초에 버금가는 불로 효과를 경험할 수 있을지도 모른다.

국제우주정거장은 하늘에 있는 거대한 과학실험실이다. 나사는 지구가 아닌 우주에서 우주인이 겪는 신체적 변화를 규명하기 위해 다양한 실험을 진행한다. 그중에는 인간의 노화에 관한 매우 흥미로운 실험도 포함되었다.

나사의 우주비행사인 마크 켈리와 스콧 켈리는 일란성 쌍둥이다. 일란성 쌍둥이는 DNA가 100퍼센트 일치하므로 다양한 과학실험에서 중요한 정보를 제공하곤 한다. 나사는 이 형제를 대상

마크 켈리(왼쪽)와 스콧 켈리(오른쪽). ©NASA

으로 2015년부터 1년 동안 재미있는 실험을 했다. 형인 마크가 지구에서 생활하는 동안 동생 스콧은 국제우주정거장에서 생활했다. 이 쌍둥이 실험의 목적은 우주에서 1년을 보내는 동안 우주인의 신체가 어떻게 변화하는지를 알아보는 것이었다.

신체 변화에는 유전자, 즉 DNA의 변화도 포함된다. DNA가 변하면 텔로미어의 길이도 변한다. DNA의 양 끝에 있는 특정 부위인 텔로미어는 인간이 늙을수록 길이가 점점 짧아지므로 노화의 지표라고도 불린다. 이에 따라 과학자들은 텔로미어의 길이가 줄어드는 것을 막거나 줄어든 텔로미어를 원래 길이로 복구하면 노화를 더디게 하거나 억제할 수 있다고 생각한다.

나사의 과학자들은 방사선 등의 각종 우주선cosmic ray에 노출된 우주인들의 몸이 지구에서보다 빨리 노화하리라고 예상했다. 따라서 우주정거장에서 1년간 머문 스콧의 텔로미어 길이가 지구에 있던 마크의 텔로미어보다 짧을 거라고 생각했다. 1년이 지난 뒤 스콧의 텔로미어는 어떻게 변했을까?

모두의 예상을 깨고 스콧의 텔로미어는 오히려 더 길어졌다. 재미있는 점은 텔로미어가 길어지기는 했는데, 스콧이 지구로 귀환하자 원래대로 다시 줄어들었다는 점이다. 다시 말해 스콧의 텔로미어는 우주정거장, 즉 우주 공간이라는 특정 환경에 반응해 길이가 늘어났다.

텔로미어의 길이 변화 외에 스콧에게는 지구에 있던 쌍둥이 형 마크에게서는 일어나지 않았던 유전자 발현이 일어났다. 유전자 발현이란 유전자가 단백질로 만들어지는 정도를 뜻한다. 즉 특정 단백질이 어느 정도 우리 몸에서 만들어지는가를 말한다. 검사 결과 스콧의 유전자 발현에는 손상된 DNA를 복구하는 기능을 담당하는 유전자의 발현도 포함됐다. 면역기능에 관한 유전자 발현도 나타났다. 과학자들은 우주 방사선 등의 혹독한 우주 환경에 노출된 스콧의 몸이 스스로를 지키기 위해 유전자 차원에서 변화를 일으켰다고 추정했다.

스콧은 이외에도 다양한 생리적 변화를 겪었는데 대부분 인체에 무해한 변화였으며, 지구로 귀환하자 대부분 사라졌다. 하지만 지구로 귀환한 스콧이 인지 테스트에서 좋은 성적을 내지 못하고 유전자 일부가 여전히 변형된 상태로 남아 있는 점 등은 과학자들이 풀어야 할 숙제다.

또 다른 실험도 있다. 미국 스탠퍼드대학교 연구 팀은 우주공간에서 인간의 심근세포가 어떻게 변화하는지 실험했다. 연구팀은 유도만능줄기세포로부터 분화한 심근세포를 국제우주정거장에 보내 4주 반 정도 머물게 했다. 유도만능줄기세포는 성인의 피부세포 등의 일반 세포를 역분화해 줄기세포를 만드는 세포다. 줄기세포는 인체의 모든 세포로 분화할 수 있다. 실험 결과 심근세포 유전자 중 2,600여 개의 유전자 발현 정도가 달라졌다. 심장박동 패턴 등 주로 심장 기능과 관련된 유전자들이었다. 연구 팀은 심장이 미세중력이라는 특수한 환경에 적응하기 위해 세포 차원에서 변화한다는 의미라고 설명했다. 그런데 심근세포 역시 지구로 돌아오자 열흘도 안 돼 원래의 세포 상태로 돌아왔다.

쌍둥이 실험이나 심근세포 실험은 인간이 우주라는 극한 환경에 노출되면 바뀐 환경에 적응하기 위해 유전자 차원에서 스스로 변화한다는 점을 보여준다. 물론 이는 극히 제한된 실험에서 나온 결과이며, 반드시 옳다고 말할 수도 없다. 다만 앞으로 더 많은 실험이 진행돼 신뢰할 만한 데이터가 쌓이면 미래 우주인의 장거리 비행이나 체류 등에 많은 도움이 될 것이다.

우주정거장에서는 이처럼 인체의 변화를 알아보는 실험 외에 기상천외한 실험도 진행한다. 한번은 이런 일이 있었다. 프랑스 보르도의 한 포도주 회사가 우주정거장에 보르도산 적포도주 12병을 보냈다. 1년 동안 우주에서 숙성시킨 뒤 같은 기간 동안 지구에서 숙성시킨 포도주의 맛과 향을 비교하기 위해서였다. 포도주 회사가 이처럼 흥미로운 실험을 진행한 이유는 새로운 풍미를 내는 독특한 포도주를 만들고 싶어서였다. 1년 뒤 적포도주는 지구로 귀환해 비교 시음에 쓰고, 남은 포도주는 다시 우주정거장에 보내 우주인들이 마실 수 있도록 할 예정이다. 우주에서 숙성한 포도주가 어떤 맛을 낼지 궁금해진다. 어쩌면 미래에는 우주정거장 포도주라는 브랜드의 포도주가 탄생할지도 모르겠다.

우주탐사는 우리 실생활과 밀접한 여러 기술을 잉태했다. 전자레인지는 나사가 아폴로 프로그램을 진행하면서 우주인들이 우주선 안에서 간단히 음식을 조리할 수 있도록 개발한 장비다.

정수기도 아폴로 우주선의 식수를 해결하기 위해 개발된 여과장치 기술을 적용했다. 진공청소기는 중력이 없는 우주선의 먼지를 해결하기 위해, 메모리폼으로 만든 베개와 매트리스는 로켓을 발사할 때 우주인이 충격을 덜 받게 하기 위해 개발됐다.

현재 의료 분야에서 중요하게 사용되는 이미징imaging 기술도 우주기술에서 비롯됐다. 이 기술은 디지털 신호 처리 기술에 기반하는데, 나사는 아폴로 착륙선이 달에 착륙하는 동안 촬영하는 사진을 더 선명하게 하기 위해 디지털 신호 처리 기술을 개발했다. 현재 이 기술은 CT, CAT 스캔, MRI 등에 쓰인다.

호모
스페이스쿠스

4장

호모 스페이스쿠스의 시대, 대한민국의 선택은?

우리도 우주로 나가야 할까?

미국 나사의 1년 예산은 우리 돈으로 대략 20조 원이다. 우리나라 과학기술정보통신부의 전체 정부 연구개발R&D 사업 예산이 1년에 20조 원 안팎이니 나사가 얼마나 많은 돈을 집행하는지 짐작할 수 있다. 그런데 나사가 쓰는 돈은 미국 연방정부 예산의 0.5퍼센트에 불과하다. 미국 연방정부 예산이 대략 5,000조 원이 넘기 때문이다. 1년에 5,000조 원을 쓰는 나라에서 우주 분야에 20조 원을 쓰는 것은 별일 아니다. 그래서 미국에서 왜 우주 분야에 천문학적인 돈을 쏟아붓냐고 질문하면 웃음거리가 된다.

한국은 상황이 다르다. 한국 정부는 2020년 우주개발에 6,100

억 원을 투자한다. 한국의 2020년 예산이 513조 원이니 0.1퍼센트가 조금 넘는 수치다. 절대적 수치나 비율은 미국에 훨씬 못 미치지만 6,100억 원이란 액수는 일반인에겐 천문학적인 금액이다. 그러니 왜 천문학적인 돈을 들여가며 우주개발에 나서야 하는가, 아무도 살지 않는 우주에 그 돈을 쏟아붓느니 차라리 의료나 복지, 교육에 투자하면 지구에서의 우리 삶이 조금은 더 나아지지 않겠는가 하는 이야기가 나온다.

어떤 면에서는 일리 있는 주장이다. 하지만 우주에 대한 호기심은 인류의 본능이다. 나사는 스스로의 존재 이유를 미지의 대상인 우주를 향한 탐사는 인류의 본능이며 이를 통해 인류는 한 단계 도약할 수 있다는 데서 찾는다. 지구 상공에 인공위성과 우주정거장을 띄우고 달에 탐사선을 보내고 달 너머 화성에 무인 로봇을 보내고 화성을 넘어 명왕성과 천왕성 등에 탐사선을 보내는 이유는 과학적 목적 이전에 그 자체가 인류의 본성이기 때문이라는 얘기다.

하지만 단순히 인류의 본성이기 때문에 천문학적 비용을 들여가며 우주탐사에 나서야 한다는 주장은 설득력이 떨어진다. 이 지점에서 우주탐사와 비슷하지만 경제적 관점이 반영된 우주개발이라는 개념이 등장한다. 우주개발이란 우주탐사에 필요한 장비인 발사체나 인공위성, 우주탐사선 등을 개발하고 우주 공간에서 활용하기 위한 활동이다. 이 과정에서 필연적으로 새로운 산업, 즉 우주산업이 태동한다. 이렇게 태동한 산업은 고용을 창출하는 등 궁극적으로 경제발전에 이바지한다. 다시 말해 우주탐사의 과정에서 부수적으로 경제적 부가가치가 창출된다.

혹자는 투입한 비용보다 창출되는 가치, 즉 우리가 얻는 게 적다면 수지타산이 맞지 않는다는 의문을 제기할 수 있다. 이런 주장은 매우 근시안적인 견해다. 달과 화성을 통해 무엇을 얻게 될지 인류는 아직 잘 모른다. 그럼에도 우주 선진국들은 너도나도 앞을 다퉈 달 탐사, 화성 탐사에 열을 올리고 있다. 15세기의 대항해시대는 신대륙에 무언가 있을 것이라는 막연한 기대로 시작됐다. 우주탐사도 그런 시각으로 빨리 본격화해야 한다. 달이나 화성에 무엇이 있다는 것이 알려진 다음에 자력으로 우주탐사를 하려면 적어도 20년은 걸릴 것이다. 그러면 이미 늦는다. 다른 국가들이 선점해버렸기 때문이다.

1967년 유엔이 선언한 우주 조약에는 '우주는 모두가 자유롭게 탐사하고 사용할 수 있는 곳'이라고 명시되어 있다. 우주는 공유의 대상이고 모든 지역에 대한 접근권이 열려 있으므로 누구도 상업적 소유권을 주장할 수 없다. 그런데 2015년 11월 당시 미국 오바마 대통령은 민간기업과 개인의 소행성 채굴과 소유를 허용하는 내용을 담은 새로운 우주법에 서명했다. 소행성이라는 제한이 있긴 하지만 이 법을 근거로 미국의 민간기업과 개인이 우주에서 자원을 채굴하고 소유할 수 있게 됐다. 우주는 누구도 소유권을 주장할 수 없었는데, 먼저 우주로 나간 국가가 우주를 독점

우주자원 탐사
상상도

ⓒNASA

영국에서 건너온 사람들이 만든 식민지였던 미국이
이제는 우주라는 신대륙을 식민지로 개척하러 나선 모양새다.
달 탐사와 화성 탐사도 식민지, 영토 확장의 개념으로 볼 수 있다.

하는 '승자 독식의 세계'가 될 수도 있는 것이다. 대표적인 나라가 미국이다. 영국에서 건너온 사람들이 만든 식민지였던 미국이 이제는 우주라는 신대륙을 식민지로 개척하러 나선 모양새다. 달 탐사와 화성 탐사도 식민지, 영토 확장의 개념으로 볼 수 있다.

이런 상황에서 우주에 나가지 않는다면 어떻게 될까? 결국 먼저 진출한 일부 국가들이 만든 우주 제국주의 체제에 편입되는 식민지 꼴을 면하기 힘들 것이다. 물론 이 관점은 우주탐사에 관한 여러 시각 가운데 하나일 뿐이지만 말이다.

그렇다면 또 이런 의문이 들지도 모르겠다. 이미 다른 나라에서 발사체와 위성, 탐사선 등을 다 개발했는데 굳이 우리나라가 막대한 돈을 들여가며 그것들을 또 개발해야 할까? 라는 의문이다. 이는 자동차나 컴퓨터, 스마트폰은 외국에서도 만드는데 굳이 우리도 만들어야 하는가? 라는 질문과 같다. 인공위성이든 스마트폰이든 자체 개발은 기술 종속을 막고 우리나라의 산업을 육성하며 일자리를 창출한다. 발사체와 위성, 탐사선을 스스로 만들면 우리나라에 우주산업이라는 새로운 산업 분야가 생긴다.

이미 50년 전 우주탐사를 시작해 달에 성조기를 꽂은 미국은 탐사와 산업의 선순환을 잘 보여준다. 트럼프 행정부가 추진하는 아르테미스 프로그램에는 50년 전 아폴로 프로그램과 달리 민간 우주기업들이 적극적으로 참여하고 있다. 더욱이 이 기업들은 아폴로 프로그램에 참여했던 민간기업들이 방위산업체였던 것과 달리 정부와 무관하게 혁신적인 아이디어로 이윤을 창출하려 한다.

현재 한국 정부가 추진하는 달 탐사는 여러 문제점이 있지만 한국 우주산업의 새로운 분기점이 될 수 있어 그 자체만으로도 매우 중요하다. 하지만 이 달 탐사 계획이 50년 전 미국이 진행한 아폴로 달 탐사에도 미치지 못한다는 점, 우주 선진국이라는 미국조차 아폴로 이후 50년이 지나서야 새로운 우주산업인 뉴 스페이스가 태동할 환경이 조성됐다는 점 등을 고려하면 한국 사회에 뉴 스페이스가 도래하려면 아직 가야 할 길이 멀다.

우주로 향하는 우리만의 길

미국은 이미 50년 전에 달에 갔다가 돌아왔고 이웃 나라 일본에서는 송골매라는 뜻을 지닌 하야부사 탐사선이 달도 아닌 소행성에 착륙했다가 시료를 채취해 지구로 귀환했다. 엄청나게 빨리 움직이는 소행성의 목표 지점을 정확히 찍어 착륙하는 것도 놀라운 기술이지만, 무엇보다 시료를 가지고 지구에 귀환했다는 점이 중요하다. 이렇게 우주로 나간 물체를 지구로 귀환시키는 기술은 국방과 아주 밀접하다.

우주탐사선이 우주로 나갔다가 지구로 돌아오려면 지구 대기에 진입해야 한다. 그런데 이에 관한 기술이 대륙간탄도미사일ICBM의 핵심 기술 가운데 하나다. 이 미사일은 지구 대기를 벗어나 일정 거리를 비행한 뒤 지구 대기에 재진입해 목표물을 타

격한다. 미국은 2020년 2월 새로운 대기권 재진입체reentry vehicle를 탑재한 대륙간탄도미사일 미니트맨 3Minuteman-III를 시험발사했다. 당시 미 공군은 '노후한 미니트맨 3를 현대화하는 이러한 프로그램은 신뢰할 수 있는 핵 억지력을 갖추는 데 필수'라고 발표했다. 군사력에서 중요한 무기인 대륙간탄도미사일의 노후화를 대기권 재진입 기술을 업그레이드해 해결했다는 의미다.

그렇다면 우리의 현실은 어떤가. 2017년 개정 전까지 한미 미사일 지침은 탄도미사일의 최대 사거리를 800킬로미터로 제한하고 사거리가 길어질수록 탄두 중량을 줄이는 이른바 트레이드오프trade off 원칙을 따르도록 했다. 이에 따라 사거리가 300킬로미터인 탄도미사일의 탄두 중량은 2톤, 사거리 500킬로미터인 탄도미사일의 탄두 중량은 1톤, 사거리 800킬로미터인 탄도미사일의 탄두 중량은 500킬로그램으로 제한됐다. 그러다가 탄두 중량 제한이 완화되면서 사거리가 500킬로미터인 미사일의 탄두 중량이 1톤에서 4톤으로, 사거리가 800킬로미터인 미사일은 500킬로그램에서 2톤으로 각각 네 배씩 늘었다. 그렇지만 미국이나 일본, 중국, 심지어 북한과 비교하면 한참 못 미치는 수준이다.

국방력은 미사일의 사거리와 비례하는데, 그 척도가 바로 대륙간탄도미사일이다. 현 상황에서 우리가 반드시 보유할 필요는 없지만 언제든 만들 수 있는 기술력은 보유해야 한다. 그래야 최소한 근거리 국가들이 우리를 우습게 보지 않을 것이다. 대기권 재진입 시스템 업그레이드 같은 기술 개발은 고사하고 탑재 중량에 제한이 있는 지금 상황을 보면 한국의 우주탐사는 그 목적이 우주의 평화적 이용에 있음에도 불구하고 군사적 의미가 부각돼 보일 수밖에 없다.

국방부 산하 국방과학연구소는 미사일 관련 기술을 꾸준히 개발해왔다. 그런데 원리가 미사일과 비슷하다고는 해도 그 용도가 평화적 이용이라는 점에서 발사체는 국방 분야와는 약간 거리가 있다. 또 한국의 정부 부처들은 정보 공유를 달가워하지 않는다. 그리고 역대 대통령들은 우주탐사에 큰 관심이 없었다. 이런 이유로 지금까지 한국은 우주탐사의 불모지였다. 한국이 우주탐사를 제대로 하려면 과학, 경제, 국방 등 전 분야를 아우르며 우주탐사를 국가 발전의 한 축으로 바라보는 혜안이 필요하다.

5대양 6대주라는 말이 있다. 이 말은 앞으로 5대양 7대주로 바뀔지도 모른다. 우주라는 신대륙이 추가됐기 때문이다. 필자가 만난 한 민간 우주기업인—박성동 쎄트렉아이 이사회 의장—은 우주탐사를 가리켜 한 국가의 기술 수준에 대한 자긍심의 척도라고 표현했다. 참고로 어떤 기술의 수준을 나타낼 때 군사 수준military grade이면 민간 수준civil grade보다 높은 단계의 기술이다. 아무래도 민간보다는 군용이 내구성 등이 더 강해야 하기 때문이다. 여기에 더해 우주 수준space grade은 군사 수준보다 더 높은 최정상의 기술이다. 이 기업인이 우주탐사의 불모지 같은 우리나라에서 우주탐사에 뛰어든 이유도 우리나라의 기술 수준을 높이겠다는 사명감이 컸기 때문이라고 한다.

또 다른 민간 우주기업인—박재필 나라스페이스테크놀로지 CEO—은 우주탐사 후발주자인 한국이 달에 간다거나 화성에 간다거나 하는 단순한 임무는 인류의 우주탐사 역사에 큰 의미가 없다고 말한다. 중요한 것은 '우리'에게 어떤 의미가 있느냐다. 그는 우리만의 철학을 가지고 우리만의 방식으로 우주탐사를 추진하는 것이 중요하다고 강조했다. 달 뒷면에 세계 최초로 착륙한 중국이나 미국 화성 탐사선의 불과 10분의 1의 비용만으로 화성을 탐사한 인도의 망갈리안처럼 저마다의 철학과 방식으로 우주탐사를 해야 한다는 것이다. 이 말은 산의 꼭대기를 정복하는 등정주의가 아닌 어떤 길을 통해 산에 오르느냐 하는 등로주의가 우리 우주탐사에도 필요하다는 의미다.

나사는 자신들의 비전을 다음과 같이 밝힌다. "우리는 새로운 차원에 도달하고 인류의 이익을 위해 미지의 비밀을 파헤친다."

우리는 어떤 비전을 가지고 우주로 향해야 할까? 우리만의 철학과 방식이란 무엇일까, 어떻게 우주탐사를 해야 할까? 이번 장에서는 한국 우주개발의 현실과 나아갈 방향을 집중적으로 다루고자 한다. 이에 대한 답을 구하기에 앞서 국내 우주산업의 현황과 우주 분야 기업인들이 현장에서 느끼는 애로사항부터 간략하게 살펴보겠다.

우리는 지금 어디쯤 있을까?

나사는 2020년 2월 21일 '지구 대기 관측 위성 그룹의 첫 번째 위성 발사'라는 제목의 보도자료를 냈다. 이 자료의 첫 문장은 한국이 2월 19일 남아메리카 프랑스령 기아나 우주센터에서 아리안 스페이스의 아리안 5 로켓에 세계 최초의 정지궤도 환경감시 탑재체Geostationary Environment Monitoring Spectrometer, GEM를 장착한 천리안 위성 2B호를 발사했다는 내용으로 시작한다. 나사는 정지궤도 환경감시 장비인 GEM의 역할에 주목했다. 이 장비의 역할은 고도 3만 5,786킬로미터의 정지궤도에서 한반도의 대기를 관측하는 것이다. 미세먼지나 중금속 등 지구 대기를 오염시키는 물질의 발원지와 이동 경로 등을 관측하는 것이 주 임무다.

나사가 구태여 미국의 대기도 아닌 한반도의 대기를 관측하는 GEM을 주요 골자로 보도자료를 낸 이유는 GEM이 지구 대기를 관측하는 세 개의 환경 관련 탑재체 가운데 첫 번째로 발사됐기 때문이다. 나머지 두 개는 나사의 오염물질 관측장비Tropospheric Emissions: Monitoring of Pollution, TEMPO와 유럽우주청의 센티넬-4Sentinel-4라는 장비다.

TEMPO는 2022년에 통신위성 사업자인 인텔샛Intelsat의 통신위성 40e에 실려 발사돼 미국 상공에서 대기 관측 임무를 수행할 예정이다. TEMPO와 GEM 모두 미국 콜로라도에 있는 볼에어로스페이스Ball Aerospace라는 회사가 제작했기 때문에 나사는 TEMPO와 GEM은 형제지간이라고 말한다. 유럽우주청의 센티넬-4는 현재 개발 중이며, 발사된 후에는 유럽 지역의 대기를 관측할 예정이다. 이 세 개의 관측장비가 모두 우주에 올라가면 북반구 대기 관측의 새로운 이정표가 될 거라고 나사는 밝혔다.

나사의 이 보도자료는 현재 한국이 처한 우주탐사의 현실을 여실히 보여준다. 첫째, 한국은 자체적으로 위성 본체(천리안 2B호)를 만들 정도의 기술력은 있지만, 위성의 눈이라고 할 수 있는 탑재체는 자체 기술력이 없어 미국에서 수입하는 실정이다. 둘째, 한국은 아직 자체 발사체가 없어서 다른 나라의 발사체(아리안 5)에 위성을 실어 발사하고 있다. 셋째, 현재 우주탐사는 단순히 한 국가가 위성을 쏘아 올리는 수준에서 벗어나 여러 국가가 협력하는 이른바 국제 협력의 단계로 도약했다는 점이다.

국내 우주산업의 현황을 살펴보기 전에 알아둘 점이 있다. 한국의 우주 관련 사업은 정부와 떼려야 뗄 수 없는 관계라는 점이다. 많은 비용이 들면서 수익은 안 나는 분야에 민간기업이 자발적으로 뛰어드는 경우는 없다. 우주개발도 마찬가지여서 우리나라뿐 아니라 다른 나라에서도 정부가 주도하여 우주산업을 이끌다가 어느 정도 기술력이 쌓이고 시장이 성숙하면 민간에 개방한다. 그런데 우리나라에는 아직 우주 분야 민간 시장이랄 것이 없다. 지금 한국의 우주 관련 사업 모두는 '공공수요'라는 이름으로 정부가 발주하는 정부 연구개발 사업에 묶여 있으며, 민간기업은 그 하청업체의 성격으로 사업을 하는 것이 현실이다.

국내 우주산업은 2016년 매출액 기준으로 약 2조 8,000억 원 규모다. 규모는 제법 커 보이지만 그 실상을 들여다보면 초라하기 그지없다. 이 가운데 방송과 통신, 항법 등이 전체의 85퍼센트를 차지한다. 매출 기준으로 2조 3,000억 원 규모이고, 기업의 수는 약 119개다. 사실상 우주산업이라고 할 수 있는 위성이나 발사체 등의 기기 제작 산업 분야는 6퍼센트에 불과하다. 발사체와 위성을 제작하는 업체는 104개나 되지만, 매출로는 겨우 1,700억 원 정도를 차지한다. 나머지 2.3퍼센트는 위성 영상 서비스 분야로 30개 기업이 649억 원 규모의 매출을 내고 있다. 미국 등 해외 선진국에서 뉴 스페이스로 불리며 새롭게 형성되는 우주탐사 신사업 분야인 재사용 발사체나 초소형 위성, 우주관광 분야는 산업 자체가 아직 형성되지 않았다. 뉴 스페이스는 아직 태동조차 하지 못한 상태다.

민간 우주 기업인들은 우주 관련 정부 예산이 해마다 크게 변화해서 기업이 안정적으로 참여하기 어렵다고 지적한다. 발사체를 예로 들면, 2006년 정부 예산은 1,721억 원이었는데 2009년에는 310억 원으로 대폭 줄어들었고, 2012년에는 553억 원이었다가 2015년에는 2,794억 원으로 다시 큰 폭으로 늘어났다. 또한 기업들은 민간 수요 없이 정부만이 참여하는 제한된 국내 수요를 극복하기 위해 해외 진출을 추진하고 있으나 네트워크가 부족하고 기술 역량도 낮아 한계가 있다고 한다.

정부가 발주하는 공공수요와 관련해서 산업체의 참여는 증가해왔지만, 설계부터 핵심 부품을 포함한 부품의 자립화, 제작 등의 종합적인 기술 분야의 경험이 부족하여 기업의 자체 혁신과 투자로 연결되는 자생적 산업구조는 여전히 취약하다. 국가가 소유한 기술이 기업으로 이전되는 기술 이전도 원활히 진행되지 않아서 선진국과의 기술 격차가 여전히 크다. 기업에 필요한 전문 인력이 부족하고, 핵심 기술을 개발해 테스트할 수 있는 시험 인프라가 한국항공우주연구원 같은 정부출연연구기관에 집중돼 있어 기업들이 자유롭게 이용하기가 어렵다. 상황이 이러니 초소형 위성, 소형 발사체 등 세계 우주 시장의 흐름에 부합하는 신산업을 창출하려는 기업도 거의 없다.

정부가 유일한 발주처라는 한계

현재 한국의 모든 우주 관련 사업이 정부가 발주하는 연구개발 사업에 묶여 있다고 앞에서 설명했다. 우주개발처럼 천문학적인 비용이 들면서 수익이 안 나는 분야에 영리가 목적인 기업이 뛰어들 리는 없기 때문에 정부가 가장 큰 역할을 하는 것이다.

하지만 이제 이러한 사업 방식이 바뀌어야 한다는 주장이 나온다. 사업의 주도권을 정부가 쥐고 민간기업이 하청업체의 개념으로 참여하는 지금의 방식은 우주산업 발전에 걸림돌이 되기 때문이다.

기업이 정부가 지원한 돈으로 연구개발을 할 때는 몇 가지 제약이 따른다. 원래는 국가 연구개발 사업의 예산을 효율적으로 운영하기 위한 조치로서 취지도 좋고 꼭 필요하긴 하지만 기업의 입장에서는 부담으로 작용할 수 있다. 매칭펀드를 예로 들겠다. 정부가 사업을 발주하는 국가 연구개발 사업에 민간기업이 참여하려면 매칭펀드를 제공해야 한다. 공동자금출자라고도 하는데, 예를 들어 정부가 50억 원을 투자하면 투자받은 기업도 50억 원을 투자하는 것이다. 일종의 상호 보증금으로 이해할 수 있다. 정부 돈 받고 꿀꺽하지 말라는 의미다. 기업은 정부가 투자한 돈을 인건비로 쓸 수 없기 때문에 보통 실험 기자재 비용과 해당 사업에 참여하는 직원들의 인건비를 매칭펀드로 편성한다. 규모가 큰 기업이라면 감내할 수 있지만, 이제 막 사업을 시작하려는 소규모 기업에게는 버거울 수 있다.

이제 정부 돈으로 기업이 기술을 개발해 이익을 얻었다고 가정해보자. 이 경우 그 기술의 소유권은 해당 기업에 있지만, 정부는 그 기술에 대해 부분적으로 권리를 가진다. 정부가 돈을 지원했기 때문이다. 이 경우 기업은 기술 개발로 벌어들인 이익 가운데 일정 금액을 정부에 지불해야 한다. 이를 기술료라고 한다.

많은 민간기업이 매칭펀드와 정부 투자비에서 인건비를 인정하지 않는 점 등이 국가 연구개발 사업에 참여하는 데 걸림돌이 된다고 지적하고, 기술료 등도 완화하거나 면제해달라고 요구한다.

현재 국내 우주산업은 사실상 정부가 유일한 고객이다 보니 사업 물량이 일정하지 않고, 설혹 있다 하더라도 그 수가 적으며 금액 또한 크지 않다. 이런 상황에서 기업은 굳이 우주 분야의 국가 연구개발 사업에 참여할 만한 매력을 크게 느끼지 못한다. 그래서 국내 우주산업에 대기업이 뛰어들지 않고 있다.

이런 상황에서는 민간 우주기업들이 많이 생겨나더라도 크게 성장할 수가 없다. 만약 한국항공우주연구원이 주도하는 사업을 기업에 모두 준다고 하더라도 그 기업은 기술 개발에 투자하기보다는 해외 업체와 협력할 가능성이 크다. 그 편이 훨씬 경제적이기 때문이다. 이렇게 투자 대비 리스크가 크고, 성숙하지 않은 산업군에 있는 우리 기업이 독자적으로 해외에서 위성이나 발사체 개발 사업을 수주할 가능성이 얼마나 높을까? 인공위성 개발 사업을 예로 들어보자.

한국은 위성 본체를 만드는 기술은 상당한 수준에 도달했지만, 본체에 장착하는 탑재체를 만드는 기술은 취약하다. 그러니 탑재체는 해외에서 수입하는 실정이고, 본체도 그 속내를 들여다

보면 핵심 부품은 해외 의존도가 높다. 그런데 이렇게 주요 부품과 탑재체를 수입하다 보면 국내 기업이 아무리 경제적으로 만들어도 그 부품과 탑재체를 자체 보유한 해외 기업이 만드는 것보다 싸게 만들 수가 없다. 그렇기 때문에 우리 기업은 자체적으로 기술 개발에 투자하기보다는 해외 업체와 협력하는 방식을 선택할 가능성이 크다.

그렇다면 방법이 없을까? 그렇지 않다. 우주사업을 국가 연구개발 사업으로 발주하는 것이 아니라 국가 획득(구매) 사업으로 바꾸는 것이 대안이 될 수 있다. 획득 사업이란 입찰을 통해 사업자를 선정하고 그 사업자로부터 물품을 구매하는 방식을 말한다. 예를 들어 기상청에서 미세먼지 관측 위성이 필요한데 이런 위성을 2,000억 원에 살 테니 만들 업체는 입찰에 참여하라고 공고한다. 구매 입찰이므로 기술 개발 지원은 1원도 하지 않는다. 정부는 선정한 업체의 완성품을 사주기만 하면 된다.

혹시 기술력이 우수한 해외 업체들이 입찰에 뛰어들면 경쟁력 약한 우리 기업이 손해를 보지 않을까 생각할 수도 있다. 당연히 해외 업체들이 많이 몰려올 것이다. 이때는 해외 업체들의 참여를 제한하기 위한 일종의 안전장치로 입찰 참여자를 제한할 수 있다. 해외 업체는 국내 업체와 컨소시엄을 구성해 참여하도록 하고, 주 계약 업체는 반드시 국내 업체가 돼야 한다, 해외로 지불하는 비용은 몇 퍼센트 이내로 한다는 등의 조건을 다는 것이다. 이

©한국항공우주연구원

2015년에 발사된 다목적 실용위성 아리랑 3A는
전체 부품의 67퍼센트 정도를 국내에서 개발했다.
우리나라는 위성 본체를 만드는 기술은 상당한 수준에 도달했지만,
탑재체를 만드는 기술은 아직 취약하다.

런 방식이라면 국내외의 많은 회사가 참여할 수 있다. 정부는 공정하게 심사하고 적정하게 가격을 추산하면 된다. 사업방식이 이렇게 바뀌면 기업 입장에서는 조금이라도 돈을 더 남기고 싶을 테니 같은 스펙이라도 더 경제적으로 만드는 방법을 생각할 수밖에 없을 것이다. 바로 이 지점에서 기술력이 향상될 가능성이 높아지는 건 말할 필요도 없다.

처음부터 맥 빠지는 이야기만 늘어놓은 것 같다. 그렇지만 미리 절망할 필요는 없다. 적절한 여건만 형성된다면 우리나라에서도 호모 스페이스쿠스를 꿈꾸는 이들이 얼마든지 등장할 수 있기 때문이다. 이어서 우리의 현실적 문제를 극복할 수 있는 대응 방안을 우주개발의 핵심인 위성과 발사체, 그리고 달 탐사의 현황을 중심으로 짚어보자.

우리나라 위성 기술의 현 주소

군사적 목적이든, 학술 목적이든, 상업적 목적이든 우주에서 무언가를 하려면 어느 나라든 지구에서 쉽게 접근할 수 있는 지구 중심의 우주 공간geo space에서부터 일을 시작한다. 대부분의 국가가 이 공간을 활용해 국가 경제에 도움이 되는 성과를 창출하려고 한다. 위성을 띄워 기상 변화를 관측하고, 방송·통신에 활용하는 것이 흔한 사례다.

그런데 우주개발 선진국들은 지구 중심의 우주 공간을 넘어 달까지의 우주 공간cislunar space, 더 나아가 행성과 태양계를 포함한 심우주deep space를 탐사하려 하며 활동 영역을 넓히고 있다. 반면 한국의 우주탐사는 아직 지구 중심의 우주 공간을 활동 영역으로 삼고 있다.

지구 중심의 공간이든 심우주든 우주 공간에서 활동하려면 기본적으로 몇 가지가 필요하다. 우주 공간에 접근할 수 있는 발사체와 우주 공간에서 지구를 관측하는 위성, 그리고 지구 이외의 천체에 가서 탐사활동을 하는 우주탐사선이다. 이 가운데 우리의 현실에서 가장 기본적이고 중요한 것을 꼽자면 발사체와 위성을 들 수 있다. 그렇다면 현재 한국의 위성 기술은 어디까지 와 있고, 문제점은 무엇일까? 문제점이 있다면 해결책은 있을까?

전반적으로 한국의 위성 기술 수준은 어느 정도 성숙 단계에 이르렀다고 평가받는다. 영국 서리대학교에서 배워 온 기술을 바탕으로 1992년 최초의 인공위성 우리별 1호를 발사한 이래 아리랑 위성 시리즈와 천리안 위성 시리즈 등을 꾸준히 개발해 기술 자립 수준을 높여왔다. 현재 우리나라의 인공위성 분야는 세계 6~7위의 경쟁력을 갖추었다고 평가받는다. 국내 위성 개발 업체인 쎄트렉아이는 소형 위성 기술을 확보해 해외에 수출하고 있다.

쎄트렉아이와 관련해 흥미로운 일화가 있다. 우리별 1호는 카이스트 인공위성연구센터(이하 위성연구센터) 연구원들이 영국 서리대학교에서 기술을 전수받아 제작한 위성이다. 그로부터 7년 뒤인 1999년에는 한국항공우주연구원이 아리랑 위성 1호를 발사했다. 위성 발사로는 한국항공우주연구원이 위성연구센터에 뒤처진 꼴이다. 물론 우리별 1호는 과학위성이고 아리랑 1호는 실용위성이라는 차이가 있지만, 위성연구센터와 한국항공우주연구원은 위성 분야에서 자신들이 우위에 있다고 주장하며 경쟁했다. 사실 위성연구센터가 한국항공우주연구원을 좀 우습게 봤다고 하는 게 맞는 표현이다. 그런데 정권이 바뀌면서 위성연구센터가 한국항공우주연구원으로부터 예산을 받아야 했던 시절이 있었다. 이 시절 위성연구센터 연구원 가운데 자존심에 상처를 입은 분들도 더러 있었다고 한다. 위성도 우리가 먼저 만들었는데 한국항공우주연구원에서 돈을 받아야 한다니, 뭐 이런 얘기다. 그래서 위성연구센터를 나온 연구원들이 꽤 있다는데, 그분들 가운데 일부가 모여 만든 회사가 쎄트렉아이이다. (물론 정사는 아니고 야사다.)

최근 한국의 위성 개발과 관련해서 차세대 중형 위성, 차세대 소형 위성이라는 용어를 언론 보도 등에서 종종 접할 수 있다. 차세대 위성은 기존 위성과 달리 위성 본체가 표준화되어 있다. 위성은 크게 탑재체와 본체 두 부분으로 구성된다. 탑재체는 대기 관측이나 해양 관측 등 위성에 부여된 고유 임무를 수행하는 부분이며, 본체는 탑재체가 기능을 원활히 수행하도록 지원하며 위성의 뼈대를 이루는 부분이다.

기존 위성들은 광학카메라 같은 탑재체에 맞춰 위성 본체를 맞춤형으로 만들었으나, 차세대 위성은 처음부터 다양한 탑재체를 운영할 수 있도록 표준형 본체를 만든다. 아직 탑재체를 자체 기술로 개발할 수 없는 한국의 입장에서는 다양한 탑재체를 장착할 수 있는 본체를 만드는 것이 여러모로 경제적이고 효율적이다. 이런 점에서 탑재체 기술 자립화도 중요하지만, 자립화를 이루기까지 표준형 본체를 만드는 것도 중요하다고 볼 수 있다. 정부는 차세대 중형 위성 2호부터 민간이 주도하는 위성 개발 체계로 전환하는 방안을 추진하고 있다.

위성 부품의 자립도

우리나라 언론 보도를 접하다 보면 위성과 관련해서 '국내 독자 기술 개발'과 같은 표현을 자주 볼 수 있다. 엄밀하게 말하면 이는 사실과 조금 다르다. 여기서 말하는 독자 기술이란 일부 중요 부품을 수입해 조립해서 위성 본체를 우리 기술로 만들었다는 의미다. 앞서도 말했듯이 본체 이외에 위성을 구성하는 주요 구성품인 탑재체는 해외에서 수입하는 실정이다. 그렇다면 우리나라의 위성 부품 자립도는 어느 정도 수준일까?

다목적 실용위성 아리랑 3A의 경우 전체 부품의 67퍼센트 정도를 국내에서 개발했다. 위성 부품의 국내 자립도는 아리랑 3A

같은 저궤도 위성은 평균 70퍼센트, 천리안 2B 같은 정지궤도 위성은 60퍼센트 수준이다. 전체적으로 볼 때 미국의 위성 기술 대비 한국의 기술 수준은 71퍼센트 정도다. 2018년 12월 발사된 천리안 2A의 본체는 모두 국내 기술로 만들었지만, 기상과학 탑재체는 미국에서 수입했다. 2020년 2월에는 천리안 2A의 쌍둥이 위성이자 우리나라의 세 번째 정지궤도위성인 천리안 2B가 발사됐는데, 이 위성의 본체 역시 국내 기술로 만들었지만, 해양과학 탑재체는 프랑스와 공동으로, 환경과학 탑재체는 미국과 공동으로 개발했다.

하지만 위성 부품 자립도가 낮고 탑재체를 해외에서 수입한다고 해서 우리나라의 위성 기술 수준이 낮다고 볼 수는 없다. 위성을 조립하는 기술 역시 그 자체만으로도 의미가 크기 때문이다. 예컨대 삼성전자가 갤럭시 S20 스마트폰을 만들 때도 모든 핵심 부품을 다 만드는 것은 아니며 CPU 격인 칩은 퀄컴에서 수입한다. 그렇다고 해서 갤럭시 스마트폰이 삼성 제품이 아닌 것은 아니다. 그렇지만 이왕이면 핵심 부품까지 우리 기술로 만들 수 있다면 우리의 위성 경쟁력이 더 높아질 것이다.

기술 종속 문제도 고려해야 한다. 미국과 유럽 등에 크게 의존하는 핵심 기술을 빠른 시일 내에 국산화하지 않으면 여러 가지 어려움을 겪게 될 것이다. 이런 문제도 있다. 미국에서 위성 부품을 수입해 사용한다고 가정해보자. 미국에는 수출허가Export License, EL

라는 제도가 있다. 수출허가 때문에 미국에서 수입한 부품으로 위성을 만들면 그 위성은 미국에서 허가한 발사체로만 쏘아 올려야 한다. 더욱이 미국 부품이 들어간 위성은 아무 나라에나 팔 수도 없다. 미국이 기술 유출을 우려하여 제재하기 때문이다.

예전에 중국 땅에서 미국이 자국의 위성을 발사했는데 그만 추락한 사고가 있었다. 그런데 미국이 추락한 자국 위성을 회수하기 전에 중국이 위성 잔해를 가져가버리고 말았다. 그 잔해에는 당연히 위성 부품도 포함되어 있었다. 그 뒤로 미국은 중국에서는 미국 위성을 발사하지 못하도록 했다. 또 이런 일이 생겼다가는 기술 유출로 이어질 수 있다고 미 정부가 판단했기 때문이다. 기술 종속화는 단순히 그 나라의 부품에 의존하는 것만 의미하는 것이 아니라 이런 정치적이고 외교적인 문제까지 포함된 개념이다.

현재 한국의 우주개발 사업은 대부분 정부가 발주하는 정부 연구개발 사업이라고 앞에서 설명했다. 정부는 전략적으로 핵심 기술이나 중요 기술을 개발하려 하고, 실제로 정부 연구개발 사업도 그렇게 발주한다. 하지만 정부 연구개발 사업은 말 그대로 연구개발이 목적이지 상용화가 목적은 아니다. 현실에서는 '이런 기술을 만들어보자' 정도로 끝나고 만다. 그러니 상용화 단계까지 이어지지 않는다. 민간기업의 상황은 더 안 좋다. 경제성이 낮기 때문에 이들은 원천기술 개발에 적극적일 수 없다.

보통 부품 관련 기술은 코어 테크놀로지(핵심 기술), 크리티컬 테크놀로지(중요 기술) 등으로 나뉜다. 위성의 경우 코어 테크놀로지란 말 그대로 핵심 부품을 만드는 기술이다. 크리티컬 테크놀로지란 남들이 보기엔 핵심은 아니지만 우리는 기술이 없어서 못 만들기 때문에 중요한 기술을 말한다. 그렇다면 우리 관점에서 더 시급한 것은 크리티컬 테크놀로지라고 볼 수 있다. 위성 부품 완전 자립화가 당장 어렵다면, 우리가 주력하는 위성의 실정에 맞게 우선 크리티컬 테크놀로지부터 우선순위를 정해 개발하는 것은 어떨까?

우리나라 발사체 기술의 현주소

발사체란 인공위성이나 우주선을 우주로 쏘아 올리는 장치로 흔히 로켓이라고 한다. 발사체 기술은 국가 간 기술 이전이 되지 않는다. 어느 나라든 발사체 기술을 보유한 국가는 다른 나라로 기술이 이전되지 않도록 엄격히 통제한다. 발사체는 기본적으로 군사기술과 직결돼 있어 국제적으로 매우 민감한 기술이기 때문이다. 이에 따라 미국을 중심으로 기술을 가지고 있는 국가들끼리 통제 체제를 만들어 제3국에 기술을 수출하지 않도록 하고 있다. 이것이 미사일 기술 통제 체제Missile Technology Control Regime, MTCR다. 어떤 국가가 한국에 발사체 기술이나 부품을 판 사실이 드러나면 MTCR에 따라 제재를 받는다. 따라서 한국은 발사체를 개발할 때 MTCR에서 규정한 기술이나 핵심 부품을 외국으로부터 사 올 수가 없다. 이런 측면에서 보면 발사체 개발은 위성 개발보다 훨씬 더 어렵다. 외국의 도움 없이 독자적으로 기술을 개발해야 하기 때문이다.

그럼에도 불구하고 우리나라는 한국형 발사체 누리호(이하 누리호)를 개발하고 있다. 누리호의 정식 명칭은 한국형 발사체 2다. 한국형 발사체 1은 나로호인데, 나로호는 러시아 발사체를 그대로 갖고 와 만들었기 때문에 순수한 의미의 한국형 발사체는 아니다. 그래서 보통 '한국형 발사체'라고 하면 한국형 발사체 2인 누리호를 가리킨다. 누리호라는 이름은 대국민 공모를 통해 정해졌다. 누리는 우리말로 세상이라는 뜻이다.

누리호 이전에 한국은 나로호를 쏘아 올린 경험이 있다. 나로호는 한국이 독자 개발한 것이 아니라 러시아와 협력하여 만든 발사체다. MTCR이 있음에도 러시아와 협력할 수 있었던 이유는 당시 러시아가 경제 상황이 어려워 현금이 필요했고, 이 협력이 MTCR의 제재 영역을 벗어나 있었기 때문이다. 나로호의 협력 내용을 들여다보면 기술 이전이 아니라 공동개발의 형태다.

발사체 기술은 국가 간 기술 이전이 되지 않지만 MTCR 가입국끼리는 기술과 인력, 자본을 교환할 수 있다. 실제로는 기술

이전이 전혀 이뤄지지 않고 있지만 말이다. 한국은 미국의 반대로 MTCR에 가입하지 못하고 있다가 2000년 미국과 미사일 합의를 함에 따라 2001년에 33번째 정식 회원국으로 가입했다. 이에 따라 한국은 기술 이전을 받을 수는 있게 되었지만, 기술을 이전해 주겠다는 국가가 어디에도 없었다. 그러던 중 당시 경제적으로 어려웠던 러시아가 발사체 1단을 통째로 3회 제공한다는 내용을 골자로 하여 우리나라와 나로호 계약을 맺은 것이다.

나로호는 2단으로 구성된 로켓이다. 1단에는 170톤급 액체엔진 1기가 들어가고, 2단에는 7톤급 고체엔진 1기가 들어간다. 이 170톤급 액체엔진을 포함해 로켓의 1단 전체를 러시아가 제공하고, 그에 대한 대가로 우리는 러시아에 비용을 지불했다. 나로호의 1단은 러시아가 제공한 것을 그대로 사용했지만 2단은 우리나라가 개발했고, 1단과 2단을 유기적으로 결합하는 데 양국이 협력했기에 공동개발이라고 표현한 것이다.

7톤급 엔진은 170톤급 엔진보다 추력이 낮아 제작하기가 쉽다. 로켓의 엔진은 연료가 액체냐 고체냐에 따라 액체엔진과 고체엔진으로 구분한다. 고체엔진은 관리가 까다로운 액체엔진과 달리 발사 직전에 연료를 바로 주입할 수 있어 보통 군사용으로 사용된다. 7톤급 고체엔진의 경우 국내 방산기업들도 어느 정도 기술력이 있어서 국내 자체 제작이 가능했다.

결국 나로호 제작은 러시아가 제공한 로켓의 1단과 관련하여 엔진 기술은 계약 내용에 없었고, 완성된 1단을 3회 제공하는 내용의 협력이었기 때문에 MTCR의 통제를 받지 않았다. 2단 엔진은 우리나라가 자체적으로 개발했기에 기술 이전과는 무관했다. 우여곡절 끝에 러시아와 나로호 계약을 맺었지만, 당시 러시아 정부는 우리나라 정부를 믿지 못했다. 그래서 혹시라도 기술이 유출될 가능성을 차단하기 위해 나로호 계약과는 별도로 우리나라와 기술보호협정을 따로 체결했다. 한마디로 내가 내 돈 내면서 로켓 한 단을 사는데도 파는 쪽이 사는 쪽보다 더 큰소리치는 게 로켓 분야의 현실인 셈이다.

나로호 개발을 통해 한국이 러시아로부터 실질적으로 배운 것은 없다. 그러나 나로호 개발이 의미가 없는 것은 아니다. 러시아가 제공한 나로호 로켓 1단을 뜯어보면서 로켓 1단이란 게 어떤 것인지, 어떻게 구성됐는지 등을 스스로 배웠고, 로켓을 발사하려면 뭘 어떻게 준비하고 어떻게 진행해야 하는지에 관한 지식과 경험을 쌓았다.

기술 이전이 안 된다는 점에서 극히 어려운 발사체 개발에 우리나라는 첫발을 내디뎠고 어느 정도 성과도 얻었다. 그런 면에서는 자부심을 느껴도 좋을 것이다. 하지만 중요한 사안은 또 있다. 얼마나 제대로 개발되고 있느냐다.

한국형 발사체 개발의 현재

반세기 전 아폴로 11호를 달에 쏘아 올린 발사체는 새턴 V였다. 현재 미국 나사는 아르테미스 달 탐사 프로그램에 사용하기 위해 SLS를 개발하고 있다. 2019년에 인류 최초로 달 뒷면에 착륙한 중국의 창어 4호는 로켓 창정 3호에 실려 발사됐다. 미국과 중국 외에도 달에 궤도선이나 착륙선을 보낸 국가는 모두 자국에서 만든 로켓으로 탐사선을 쏘아 올렸다. 그렇다면 2022년 7월에 달 궤도선을 발사하고 2030년에 달 착륙선을 발사할 예정인 한국의 현실은 어떨까?

현재 우리나라가 개발하고 있는 누리호는 2022년 발사 예정인 달 궤도선에는 사용되지 않는다. 한국의 달 궤도선은 미국 스페이스엑스의 로켓으로 올라간다. 누리호는 2030년에 발사할 예정인 달 착륙선에 쓰일 것이다. 우선 짚어야 할 점은 2022년의 달 궤도선 발사에 누리호가 사용되지 않는다는 사실이다. 이에 따라 한국은 자국에서 개발한 달 궤도선을 발사하는 데 자국 로켓을 사용하지 않는 유일한 나라라는 불명예를 얻게 됐다. 이를 두고 과학계에서는 한국의 달 궤도선 발사가 반쪽짜리라는 비판도 나오고 있다.

2030년에 발사할 예정인 달 착륙선에는 누리호가 쓰일 예정이지만, 현재 개발 중인 누리호는 2030년에 쓰일 발사체와는 약간 다를 수 있다. 정부는 2030년의 달 착륙선 발사에는 현재 개발

©한국항공우주연구원

누리호는 1.5톤 실용위성을
지구 저궤도인 600~800킬로미터에
올려놓을 수 있는 3단형 발사체다.

중인 누리호가 아니라 누리호를 변형한 발사체를 사용하는 방안을 고려하고 있다.

누리호는 1.5톤 실용위성을 지구 저궤도인 600~800킬로미터에 올려놓을 수 있는 3단형 발사체다. 총길이가 47.2미터로 맨 아래부터 1단, 2단, 3단의 순서로 구성됐다. 1단에는 누리호의 심장이라고 불리는 75톤급 액체엔진 네 개가 들어간다. 75톤급 엔진 네 개를 묶어 한꺼번에 사용하기 때문에 사실상 300톤급의 추력을 낼 수 있다. 이렇게 엔진 여러 개를 묶어서 발사하는 기술을 클러스터링clustering이라고 한다. 클러스터링 기술을 쓰는 이유는 가장 경제적이기 때문이다. 클러스터링 기술을 적용하지 않으면 1단에 들어갈 300톤급 엔진 한 개를 따로 만들어야 하지만 클러스터링 기술을 활용하면 75톤급 엔진을 먼저 개발한 다음 필요한 만큼 묶으면 된다. 스페이스엑스의 팰컨 로켓도 1단 로켓은 클러스터링 기술을 적용했다. 누리호 2단에는 75톤급 액체엔진 한 개가 들어간다. 누리호 3단에는 7톤급 액체엔진 한 개가 들어간다. 인공위성이나 달 착륙선은 로켓 3단의 맨 앞쪽에 탑재된다.

지상에서 로켓을 발사하면 먼저 1단 엔진이 불을 뿜으며 하늘로 올라간다. 이후 일정 시점이 지나면 1단 로켓이 분리되고 2단 엔진이 점화한다. 2단 로켓이 분리된 다음에는 3단 로켓이 점화하고 마지막으로 3단 로켓의 앞부분에서 인공위성이나 달 착륙선이 분리된다. 이것이 일반적인 로켓 발사의 순서다.

누리호 역시 이런 순서로 발사될 예정인데, 조금 다른 점은 2030년 달 착륙선 발사에 쓰일 누리호는 3단에 한 단을 더 얹은 형태가 될 수 있다는 것이다. 4단에는 고체 킥 모터 엔진이 추가될 전망이다. 킥 모터 엔진의 킥은 차 올린다는 의미다. 위성이나 탐사선을 최종 궤도에 올리기 위해 마지막 추력을 내는 엔진 정도로 이해하면 된다. 4단 엔진을 추가하는 이유는 달에 착륙선을 보내려면 지구 저궤도보다 훨씬 높이 올라가야 하기 때문이다. 이를 위해 별도의 엔진 하나를 더 얹어 추력을 얻겠다는 얘기다.

만약 이대로 진행되면 2021년에 1.5톤짜리 인공위성을 지구 저궤도에 올려놓을 누리호와 2030년에 달 착륙선에 쓰일 발사체는 서로 다른 발사체라고 볼 수 있다. 현재 정부는 이 방법 외에 3단짜리 누리호를 그대로 사용하는 방법도 고민하고 있다. 누리호의 핵심인 75톤급 엔진이 개발 과정에서 최대 90톤급의 추력을 내는 것으로 확인되면서, 3단 누리호만으로도 달 착륙이 가능한지 알아보는 중이다. 2030년으로 예정된 달 착륙에 사용할 누리호가 3단이 될지 4단이 될지는 아직 미지수다.

한국의 달 탐사선 발사 일정이 자주 변경된 것처럼 누리호 발사 일정도 자주 바뀌었다. 누리호는 2회 발사를 목표로 하고 있었다. 1차 발사는 2019년 12월에, 2차 발사는 2020년 6월에 진행될 예정이었다. 그러나 1차 발사는 2021년 2월로 14개월, 2차 발사는 2021년 10월로 16개월 미뤄졌다. 누리호의 본발사가 미뤄진

시험발사체와 한국형 발사체 비교

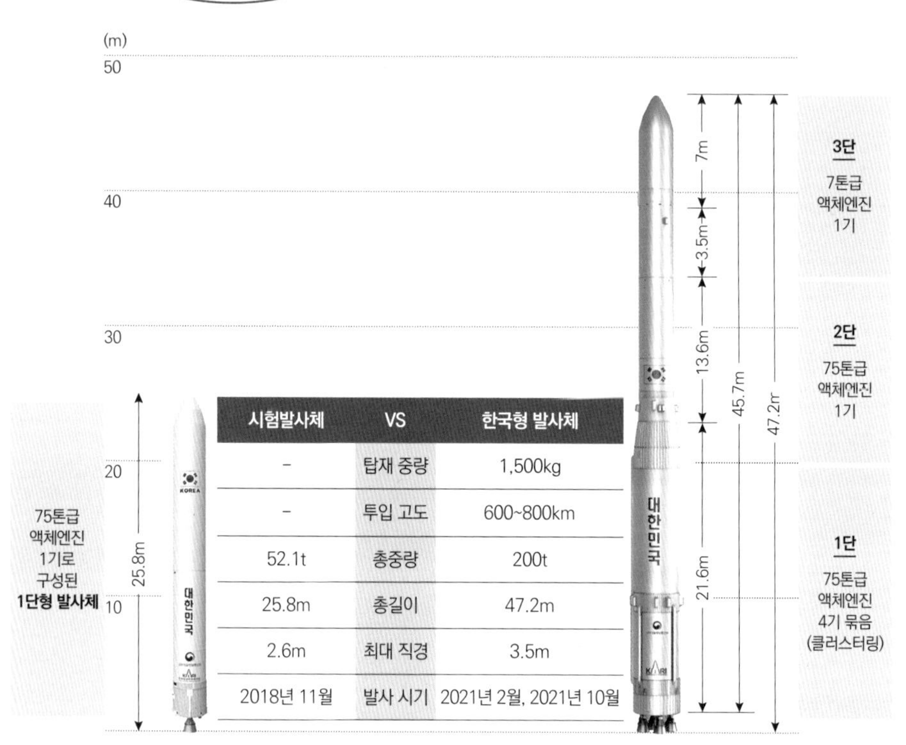

시험발사체	VS	한국형 발사체
-	탑재 중량	1,500kg
-	투입 고도	600~800km
52.1t	총중량	200t
25.8m	총길이	47.2m
2.6m	최대 직경	3.5m
2018년 11월	발사 시기	2021년 2월, 2021년 10월

©한국항공우주연구원

시험발사체 발사 성공으로 한국은
75톤급 엔진의 비행 성능을 성공적으로 검증받았고,
미국과 러시아 등에 이어 세계에서 11번째로
발사체 엔진 기술을 보유한 국가로 인정받았다.

이유는 발사체 엔진의 시험발사체와 연관이 있다. 누리호 엔진의 시험발사체는 우리나라가 독자 개발한 75톤급 액체엔진의 비행 성능을 검증하기 위한 발사체다. 이 발사체에는 위성이 탑재되지 않으며, 1단으로 구성됐기 때문에 단 분리도 없다. 엔진 시험발사체를 발사하는 목적은 누리호 1단과 2단에 쓰일 75톤급 액체엔진이 실제로 상공에 올라갈 수 있는지를 테스트하는 것이다.

이 시험발사체의 발사 일정은 원래 2017년 1월이었는데 기술적 문제로 2018년 10월로 늦춰졌다. 주요 원인은 75톤급 엔진의 연소기가 연료를 태우는 과정에서 온도와 압력이 변하는 연소기 불안정 문제였다. 기술진이 노력한 끝에 이 문제를 해결했고, 2018년 11월 28일 누리호의 시험발사체는 전라남도 고흥 나로우주센터에서 목표한 엔진 연소 시간을 넘기면서 발사에 성공했다. 75톤급 엔진의 목표 연소 시간은 140초였는데, 이날 발사에서는 151초 동안이나 연소했다. 시험발사체는 고도 209킬로미터까지 올라갔다가 발사 지점에서 429킬로미터 떨어진 제주도 남동쪽 공해상에 떨어졌다. 이 시험발사체 발사 성공으로 한국은 75톤급 엔진의 비행 성능을 성공적으로 검증받았고, 미국과 러시아 등에 이어 세계에서 11번째로 발사체 엔진 기술을 보유한 국가로 인정받았다.

여기까지만 보면 누리호 엔진의 시험발사체 발사 성공은 한국의 우주개발에 새로운 이정표를 세웠다고 할 수 있다. 하지만 조금 더 들여다보면 꼭 그렇지만은 않다는 의견도 있다. 이 의견의 핵심은 시험발사체가 발사에 성공했다고 해서 3단으로 구성된 누리호 본발사가 꼭 성공하리라는 보장이 없다는 점이다. 시험발사체는 1단으로 구성됐고, 엔진도 75톤급 한 개만 들어가며, 위성도 탑재하지 않았다. 이에 비해 누리호는 3단으로 구성되며 1.5톤급 위성을 탑재한다. 이런 점에서 시험발사체 발사와 누리호 발사는 전혀 별개라는 주장이다.

누리호에 정통한 과학자들의 얘기를 들어보면 문제는 여기에 그치지 않는다. 이들은 사실상 시험발사체와 누리호는 별개의 것이기 때문에 굳이 시험발사체를 발사하지 않아도 된다고 말한다. 즉 1단 시험발사체와 3단 누리호는 전혀 다르기 때문에 누리호를 개발하는 과정에서 굳이 개발하지 않아도 되는 시험발사체를 개발하고 발사하느라 시간을 낭비했다는 것이다. 이런 이유로 2018년 한국형 발사체 엔진의 시험발사체 발사가 일종의 '대국민쇼'였다는 비판도 제기되었다.

75톤급 엔진의 비행 성능을 검증하는 일은 그 자체로 큰 의미가 있지만, 한국형 발사체를 개발하는 과정에서 정말 필요한 작업이었는지에 관해서는 여전히 갑론을박이 있다. 시험발사체의 발사 연기와 추진제(연료와 산화제를 섞은 것) 탱크 제작업체의 사업 포기, 신규 업체 선정의 어려움 등으로 정부는 최종적으로 누리호 본발사 일정을 연기할 수밖에 없었다. 누리호의 발사 일정이 다소

늦춰졌지만 예정대로 본발사에 성공한다면, 한국은 비로소 우주 강국의 문턱에 들어섰다는 평가를 받을 수 있다. 이런 점에서 누리호 본발사에 거는 기대가 크다.

한국형 발사체, 상용화의 길

정말 중요한 것은 한국형 발사체 누리호는 2021년 본발사 이후가 돼서야 본격적인 게임을 시작한다는 점이다. 누리호가 1.5톤급 위성 한 개를 우주에 올리고서 그 역할이 끝난다면 이만저만한 낭비가 아니다. 본발사 이후에도 지속해서 발사에 이용할 수 있어야 한다. 수조 원에 달하는 혈세를 투입해 개발한 발사체를 상업적으로 활용할 수 있어야 비로소 한국형 발사체는 그 임무를 완수하는 것이다.

발사체 상용화는 발사체를 만들어 파는 것을 의미한다. 그러려면 당연히 인공위성 발사에 대한 수요가 충분해야 한다. 발사체를 제작하는 기업이 생산시설과 생산 인력을 유지할 수 있는 규모의 수요가 꾸준히 있어야 한다는 의미다. 고객의 수요가 있어야 계속 개발되고 제작 단가가 내려가고 가격 경쟁력이 생길 것이다.

한국의 우주개발 중·장기 계획을 살펴보면 누리호가 개발되면 1년에 최소 1회 이상 발사하도록 되어 있다. 이는 현재 누리호를 생산하는 업체가 유지될 수 있는 최소한의 조건이다. 그야말로 '최소한의 조건'이므로 이 정도 수요만으로는 기업체가 견디기 힘

한국의 로켓들

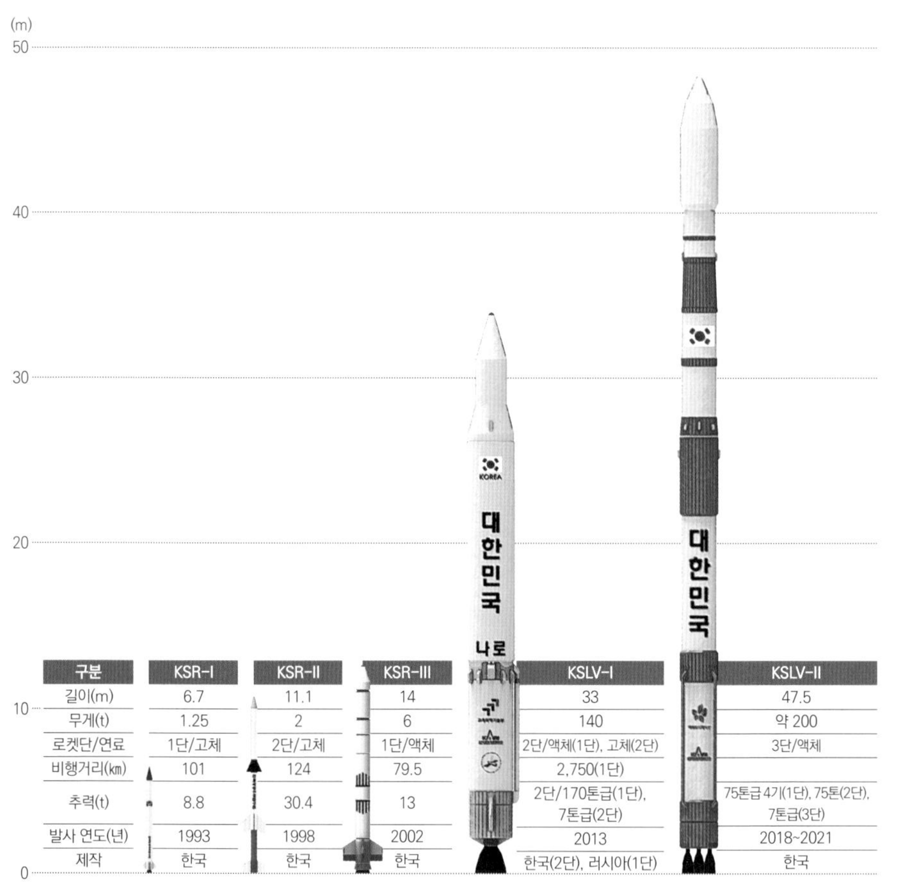

구분	KSR-I	KSR-II	KSR-III	KSLV-I	KSLV-II
길이(m)	6.7	11.1	14	33	47.5
무게(t)	1.25	2	6	140	약 200
로켓단/연료	1단/고체	2단/고체	1단/액체	2단/액체(1단), 고체(2단)	3단/액체
비행거리(㎞)	101	124	79.5	2,750(1단)	
추력(t)	8.8	30.4	13	2단/170톤급(1단), 7톤급(2단)	75톤급 4기(1단), 75톤(2단), 7톤급(3단)
발사 연도(년)	1993	1998	2002	2013	2018~2021
제작	한국	한국	한국	한국(2단), 러시아(1단)	한국

ⓒ한국항공우주연구원

들 것이다. 따라서 현재 국가 위주의 위성 수요를 다변화해야 한다. 바꿔 말하면 해외 위성업체의 수주를 받아야 한다는 의미다. 국내 수요만으로는 누리호를 상업적으로 활용하는 데 한계가 있기 때문이다. 그런데 현실은 그리 쉽지가 않다.

일단 해외 발사체 시장을 보면 전통의 강자 유럽연합의 아리안 로켓이 시장의 절반을 꿰차고 있다. 이에 비해 우리의 기술 수준은 높은 편이 아니다. 현재 우리나라는 우주 발사 수요가 크지 않아 대규모 민간 투자가 어렵고, 그렇기 때문에 지속적인 기술 개발 경쟁으로 이어지기 어려우며 글로벌 발사 시장으로 진출하는 것도 어렵다. 또 재활용 로켓으로 비용을 절감하겠다고 주장하는 스페이스엑스와 같은 신흥 강자도 있다. 이미 기존 기업들이 발사체 시장을 석권하다시피 했는데, 이 사이를 비집고 들어가 우리가 우리만의 시장을 창출한다는 것은 사실상 불가능에 가깝다. 이 장벽을 뚫으려면 획기적으로 낮은 발사 비용이라는 유인책이 있어야 하는데, 이를 위해서는 기술 개발이 필수다. 그런데 지금과 같은 정부의 연구개발 투자만으로 재활용 로켓 같은 혁신적인 기술을 개발하기에는 한계가 있다.

또 하나의 어려움은 기술 개발로 비용을 낮추더라도 로켓의 신뢰성을 확보하지 않으면 고객을 모을 수 없다는 점이다. 한국의 로켓으로 위성을 발사할 때 얼마만큼 성공할 수 있는지를 객관적으로 입증해야 한다. 발사 성공률이 어느 정도 되는지를 모르는

ⓒ한국항공우주연구원

천리안 2B호는 2020년 2월에
아리안 로켓에 실려 발사되었다.

데 선불리 자신의 위성을 한국형 발사체에 실을 업체는 없을 것이다. 아리안 스페이스의 아리안 5 로켓은 발사 성공률이 약 99퍼센트에 달한다. 그렇다면 한국형 발사체 상용화를 위해 우리는 어떤 노력을 할 수 있을까?

일단 우리가 재활용 기술 등을 개발해 가격경쟁력을 갖추고 로켓의 신뢰성을 쌓는 일부터 해야 할 것이다. 이런 일들에는 굉장히 많은 시간과 노력이 필요하다. 우주 선진국인 일본만 봐도 자체 로켓을 보유하고 있지만 아직 로켓 상업화 단계까지는 나아가지 못했다. 다만 일본은 자국 위성을 발사할 때 자국 로켓을 이용할 수는 있다. 일본 통신업체의 경우 반드시 자국 로켓을 이용하지는 않는다. 2020년 2월 천리안 2B호가 아리안 5 로켓에 실려 발사될 때 일본 통신업체 역시 이 로켓을 이용했다. 이 업체는 자국 로켓과 아리안 5 로켓을 두고 가격 등 여러 조건을 따져본 후 아리안 5 로켓을 선택했다. 이 사실을 볼 때 우리의 현실적이고 선결적인 목표는 우리 위성부터 우리 로켓으로 발사하는 것이다. 이 과정에서 기술력과 신뢰를 쌓고 우주산업 생태계를 조성해 대기업이 참여하도록 유도해야 한다.

한 가지 더 노력해야 할 부분을 꼽자면 소형 로켓 분야다. 한국은 누리호 개발을 통해 75톤급 엔진을 자체 개발했다. 소형 로켓은 75톤급 엔진 한 기 정도를 잘 활용하면 만들 수 있다. 우리가 스페이스엑스의 팰컨 헤비 같은 로켓을 만들려면 엔진 추력을 높여야 하기 때문에 무척 힘들지만 소형 로켓은 상대적으로 개발하기 쉽다. 현재 소형 위성이 속속 개발되면서 소형 위성 전용 발사체도 시장에 나타나고 있다. 지금까지 소형 위성은 대형 위성을 발사할 때 발사체의 남는 공간에 끼워 넣어 발사했다. 대형 발사체는 보통 덩치가 큰 정지궤도 위성 두 개를 한꺼번에 쏠 수 있는데, 대형 위성이 발사체에 자리 잡고 나면 남은 공간에 선반 같은 것을 만들어서 작은 위성을 넣는다.

이런 발사 방식으로는 소형 위성을 원하는 때에 원하는 궤도로 발사하기가 어렵다. 로켓을 발사할 때는 주 탑재체에 따라 궤적을 설계한다. 덩치가 큰 정지궤도 위성을 주 탑재제로 실었다면 정지궤도가 이 로켓의 주요 궤적이 된다. 소형 위성은 보통 정지궤도가 아닌 지구 저궤도 등 훨씬 낮은 궤도에 안착해야 하는데, 로켓이 정지궤도를 향해 발사되면 원하는 궤도에 가기가 불편해진다.

이런 측면에서 누리호를 어떻게 활용할지 고민하면서도 동시에 발사체의 크기를 다양화하며 소형 발사체에 집중하면 앞으로 발사체 상용화에 도움이 될 것이다. 아리안 로켓을 만드는 아리안스페이스는 이미 아리안 6 로켓부터 탑재 중량이 다른 두 종류의 로켓을 만들어 고객의 다양한 수요에 대응할 예정이라고 한다.

미국과 유럽연합이 양분하고 있는 발사 시장에서 우주개발 후발주자로 뛰어든 한국이 높은 기술장벽과 치열한 경쟁을 뚫고 살아남으려면 한국형 발사체 누리호 본발사 이후에 대한 비전을 제대로 세우고, 민간과 정부가 긴밀하게 협력해야 한다. 만약 누리호 본발사 이후 상업화에 실패한다면, 한국은 1.5톤급 위성 한 개, 좀 더 덧붙이자면 한국형 발사체를 개량한 4단 발사체로 달 착륙선을 쏘아 올리는 것 정도로 만족해야 한다. 이렇게 안타까운 일이 일어나지 않도록 준비가 필요하다.

한국의 달 탐사

지금까지 우주개발의 핵심인 위성과 발사체를 살펴봤으니, 이제부터는 위성과 발사체로 할 수 있는 우주탐사를 살펴보자. 현재 한국이 추진하는 우주탐사는 달 궤도선 발사와 달 착륙선 발사로 구성된 한국형 달 탐사로 요약된다.

보통 달 탐사선은 크게 달 궤도에 탐사선을 보내는 궤도선과 달 표면에 탐사선을 보내는 착륙선으로 나뉜다. 달 착륙선은 달 표면에 무인 로버를 보내는 무인 달 착륙선과 실제로 달 표면에 발을 내딛는 우주인을 태우는 유인 달 착륙선으로 나뉜다.

재미있게도 인류는 달에 궤도선을 보내는 것보다 착륙에 먼저 성공했다. 구소련의 루나 9호가 1966년 2월에 인류 최초로 달 착륙에 성공했고, 한 달 뒤인 3월에 루나 10호가 달 궤도에 진입하는 데 성공했다.

현재까지 달에 궤도선을 보낸 국가는 구소련과 미국, 일본,

유럽연합, 중국, 인도 등 여섯 개 국가이고, 이 가운데 우주인을 달 궤도에 보낸 나라는 미국이 유일하다. 미국은 인류 최초로 1968년 아폴로 8호로 달 궤도에 우주인을 보냈고, 다음 해에는 아폴로 11호로 달 표면에 우주인을 보냈다. 달 표면에 착륙선을 보낸 나라는 구소련과 미국, 중국이다.

달에 착륙선을 보내는 것은 궤도선을 보내는 것보다 훨씬 어렵고, 특히 사람을 달에 보낸다는 것은 무척 어려운 임무다. 이러한 어려움 때문에 한국의 달 탐사 계획은 무인 달 탐사에 맞춰져 있다. 우선 2022년 7월에 궤도선을 발사할 계획이고, 이후 2030년에는 착륙선을 발사할 계획이다.

춤추는 달 탐사 일정, 왜?

한국의 달 탐사 계획은 궤도선 발사부터 일정이 늦춰지는 등 차질을 빚었다. 원래 달 궤도선의 목표 중량은 550킬로그램이었다. 이는 2017년 8월 예비 설계 단계에서 설정한 중량이다. 그런데 설계와 시험 모델을 개발하는 과정에서 중량이 128킬로그램 늘어나 총중량이 678킬로그램으로 바뀌었다. 이 무게에는 달 궤도선에 실릴 총 여섯 개의 탑재체 무게도 포함됐다.

2019년 6월 10일 한국항공우주연구원 노동조합은 성명서를 내고, 중량 550킬로그램, 연료탱크 260리터의 기본 설계로는 달 궤도선이 여섯 개의 탑재체를 싣고 1년간 임무를 수행하기가 불가능하다고 지적했다. 궤도선의 중량이 늘어났기 때문에 발사 후 사용할 연료도 부족하고 이에 따라 임무 기간도 짧아질 수밖에 없다는 것이다. 하지만 당시 사업단장이 연구자들의 의견과 기술적 근거를 무시하고 기존 설계대로 진행할 수 있다고 선언하면서 현장에서 갈등이 고조됐다.

이에 따라 과학기술정보통신부는 점검단을 꾸려 실사에 나섰다. 당시 과학기술정보통신부 유영민 장관은 한 달 후 열린 기자간담회에서 달 궤도선의 중량이 늘어나면 설계를 다시 해야 하고 예산도 달라져야 하며 기간도 늘어날 수 있다며, 이에 관해 한국항공우주연구원 내부와 외부 전문가들이 참여하는 위원회에서 논의하고 있다고 밝혔다. 두 달 후인 9월 과학기술정보통신부는 궤도선은 현 설계를 유지하되 목표 중량을 678킬로그램으로 조정하고, 발사 일정을 2020년 12월에서 2022년 7월로 늦추는 방안을 확정했다. 기술적 한계로 달 궤도선 발사를 애초보다 19개월 늦춘 것이다. 과학기술정보통신부는 또한 애초의 550킬로그램이란 목표 중량은 한국형 발사체로 발사할 경우 필요한 무게였으며, 현재는 스페이스엑스의 팰컨 로켓에 실어 발사하기로 변경했으므로 큰 의미가 없는 수치여서 목표 중량을 늘렸다고 밝혔다.

이렇듯 달 궤도선을 한 번도 개발한 적이 없는 우리나라는 실제 설계 단계에서 예상치 못한 한계에 부딪히고 있다. 충분히 있을 수 있는 일이다. 하지만 중요한 것은 달 탐사 계획을 세울 때

사전에 탐사선을 개발하는 연구자와 전문가 등의 의견을 충분히 수렴해 실현 가능한 목표를 설정해야 했는데, 과연 그렇게 했느냐는 점이다. 달 탐사를 한 번도 실행한 적이 없는 한국은 탐사 일정을 좀 여유 있게 잡는 게 좋다. 개발 과정에서 기술적인 문제 등 돌발 변수가 생길 수 있기 때문이다. 케네디는 인간을 달에 보내겠다고 밝혔지만 구체적인 시한을 정하지는 않았다. 다만 1960년대 안에 보내겠다고만 했다. 유인 달 탐사 일정에 일종의 유연성을 부여한 것이다. 그런데 한국의 달 탐사 일정은 유연성이 있기는커녕 정권이나 정치적 목적에 따라 일정이 바뀌는 행태를 보여왔다.

우리나라의 달 탐사 계획은 노무현 정부 시절에 시작되었다. 2007년 노무현 정부 당시 과학기술부는 달 궤도선을 2017년부터 개발해 2020년에 발사하고 착륙선은 2021년부터 개발해 2025년에 발사한다는 계획을 세웠다. 그런데 박근혜 정부가 들어서면서 미래창조과학부가 달 탐사 일정을 무리하게 앞당겼다. 박근혜 정부는 달 궤도선을 2017~2018년, 착륙선을 2020년에 발사하겠다며 계획을 앞당겼다. 박 전 대통령의 대선 공약 때문에 일어난 일이었다. 당시 과학계에서는 이런 무리한 일정은 실현이 불가능하다고 반발하고, 달 탐사를 정치적 목적으로 이용한다고 비판했다. 이렇게 무리하게 앞당겨진 달 탐사 계획은 문재인 정부가 들어서자 다시 원점으로 돌아갔다. 2018년 과학기술정보통신부는 달 궤

한국의 달 탐사 상상도

ⓒ한국항공우주연구원

달 탐사를 한 번도 실행한 적이 없는 한국은
탐사 일정을 좀 여유 있게 잡는 게 좋다.
개발 과정에서 기술적인 문제 등 돌발 변수가
생길 수 있기 때문이다.

도선 발사 시기를 2020년 12월로 변경했고, 달 착륙선은 한국형 발사체를 이용한다는 조건 아래 2030년 발사를 목표로 삼았다. 이후 2019년에는 궤도선 발사 일정이 2022년 7월로 한 차례 더 변경되었다. 이처럼 달 탐사 일정이 정권이 바뀔 때마다 바뀌면서 한국의 달 탐사는 정치적 쇼라는 비판도 제기되고 있다.

전문가들은 정부가 목표를 설정하고 그에 맞춰 연구자들에게 궤도선이나 착륙선을 개발하라고 지시하는 탑 다운top down 방식이 아니라 연구자가 개발하다 보니 언제쯤이면 발사가 가능할 것 같다고 일정을 제안하는 보텀 업bottom up 방식으로 목표를 설정해야 한다고 지적한다.

물론 전 세계적으로 달 탐사는 정부가 주도하여 추진했다. 미국의 아폴로 프로그램은 구소련의 스푸트니크 발사에 충격을 받은 케네디 당시 대통령이 지시하여 시작됐다. 1961년 케네디는 아폴로 계획을 발표하면서 1960년대 안에 달에 우주인을 보내겠다고 밝혔다. 하지만 정확한 시점을 못 박지는 않았다. 지금 돌아보면 당시 케네디는 10년 안에 우주인을 달에 보내야 한다는 절박함이 있었고, 10년이면 나사가 충분히 기술력을 확보할 거라고 생각했던 듯하다. 결국 나사는 1969년 달에 우주인을 보냄으로써 케네디의 지시를 완수했다.

그동안 여러 국가가 달에 탐사선을 보냈다. 궤도선이나 착륙선, 발사체 관련 기술은 이제 전 세계적으로 숙성 단계에 접어들었다고 볼 수 있다. 그러나 우주 관련 기술은 국가 간 기술 이전이 사실상 불가능하기 때문에 한국의 우주 관련 기술 개발은 백지상태에서 시작했다. 그런 만큼 애초에 정치적 계산보다는 전문가의 의견에 따라 좀 더 신중하고 정교하게 달 탐사 계획을 짜야 했다는 아쉬움이 든다.

한국형 달 궤도선과 관련해 한 가지 더 짚고 넘어가야 할 점이 있다. 달 궤도선에는 총 여섯 개의 탑재체가 실린다. 우리나라가 개발한 고해상도 카메라, 달 자기장 측정기, 달 감마선 분광기, 광시야 편광 카메라, 우주 인터넷 기술 검증 기구, 나사의 음영지역 촬영 카메라다. 여기서 주목해야 할 것이 나사의 음영지역 촬영 카메라다. 이 장치는 달 남극의 음영지역을 촬영하는 데 쓰일 예정이다. 나사가 자신들의 음영지역 카메라를 우리 달 궤도선에 실어 보내는 이유는 음영지역 촬영이 자신들에게 필요해서다. 나사가 음영지역 카메라를 달 궤도에 띄우려면 기본적으로 궤도선에 탑재한 후 그 궤도선을 달 궤도에 보내야 한다. 궤도선을 만드는 것부터 시작해 여기에 카메라를 장착하고 발사하는 모든 일은 돈과 직결된다. 그런데 때마침 한국이 달에 궤도선을 보낸다고 했다. 나사 입장에서 참 좋은 기회라는 생각이 번쩍 든 것이다. 한국이 자체 비용으로 발사하는 궤도선에 음영지역 카메라를 슬쩍 얹는다면 나사는 공짜로 음영지역 카메라를 달 궤도에 보낼 수 있다. 물론 한국이 공짜로 음영지역 카메라를 탑재해주지는 않을 것이다. 여기서부터 협상이 시작된다. 나사는 한국의 달 궤도선에 음영지역 카메라를 탑재하는 대신 한국에는 심우주통신과 항행 서비스 등을 제공해준다. 내부적으로 협상이지만 외부적으로는 협력이라고 발표한다. 한국 정부는 미국 나사와 협력해 우주개발에서 한 단계 도약할 수 있게 됐다고 홍보할 수 있어서 좋고, 미국은 비용을 아낄 수 있어서 좋다.

그렇다면 실제로 한국은 나사로부터 제대로 된 심우주통신과 항행 서비스 등을 제공받을 수 있을까? 더 나아가 관련 기술을 배울 수는 있을까? 이 지점부터 주판알을 튕겨봐야 한다. 달 궤도선을 발사하며 돈을 내는 주체는 누구이며 그 열매는 누가 따 먹는지를 말이다. 단순히 정치적 목적에 따라 달 탐사를 무리하게 추진하기 위해 나사와 부당한 조건을 담은 이면계약을 맺었는지도 확인해볼 일이다. 물론 한국 정부와 나사의 계약은 한미협정에 따라 일반인에게 공개하기 불가능한 사안이지만 말이다.

나사의 음영지역 카메라가 구원투수?

한국의 달 궤도선 탑재체의 중량이 증가하여 발사 일정이 19개월 연기돼 2022년 7월에 발사할 예정임은 앞에서 설명했다. 연구진은 이 늘어난 탑재체 중량을 원래 계획한 연료량으로 해결하기 위해 달 궤도선의 궤적을 원형 12개월에서 타원형 9개월과 원형 3개월로 변경했다. 타원형 궤도는 원형 궤도보다 연료 소비가

적으므로 늘어난 중량 문제를 해결하기 위해 타원형 궤도와 원형 궤도를 혼용하는 방법을 선택한 것이다. 그런데 한국 정부의 궤도 변경에 나사가 제동을 걸었다. 왜 그랬을까?

2019년 국회 과학기술정보방송통신위원회의 과학기술정보통신부 국정감사에서 드러난 사실을 살펴보면, 나사는 변경된 궤도로는 소기의 목적을 달성하기 어렵다고 주장했다. 한국형 달 궤도선에는 한국이 자체 제작한 다섯 개의 탑재체와 나사가 제작한 달 음영지역 카메라 한 개 등 총 여섯 개의 탑재체가 실린다. 나사의 음영지역 카메라는 달의 남극 지역을 촬영하는 것이 목적이다. 나사가 한국 정부와 이 계약을 맺을 때는 아르테미스 프로그램이 발표되지 않았다. 그런데 계약 체결 후 트럼프 행정부가 아르테미스 프로그램을 공식화했고 우주인이 달에 착륙하는 시기를 2024년으로 정했다. 아르테미스 프로그램이 없었다면 한국 정부의 궤도 변경을 나사도 수용했을 것이다. 그런데 2024년에 달의 남극에 우주인을 착륙시켜야 하는 나사로서는 남극 지역에 대한 정보가 급히 필요해졌다. 나사는 이 정보를 바로 한국의 달 궤도선에 실을 음영지역 카메라로 얻으려 한다. 현재 달 궤도를 돌고 있는 나사의 달 궤도선이 기초적인 정보를 수집하고 있지만, 면밀한 정보는 음영지역 카메라가 제공할 예정이다.

사정이 이렇다 보니 다급한 쪽은 한국 정부가 아니라 나사가 되었다. 나사로서는 2022년의 달 궤도선 발사가 아르테미스 프로그램을 위해 반드시 진행해야 할 당면과제가 됐다. 그래서 나사는 한국 정부에 원 궤도를 유지할 수 있는 항로로 변경하도록 요청했고, 한국 정부는 나사의 요청을 받아들였다.

항로 변경에 따른 기술 개발은 한국에 맡긴다고 공식적으로 밝혔지만, 아르테미스 프로그램이 성공하기를 원한다면 나사가 항로 변경에 관한 기술을 제공할 수밖에 없다는 것이 관련 분야 전문가들의 생각이다. 우리나라 정부가 의도한 것은 아니지만 2024년의 아르테미스 달 착륙이 한국의 달 궤도선 발사에 긍정적인 외부 요인으로 작용할 가능성이 크다.

이뿐만이 아니라 달 궤도선 발사를 계기로 한국이 아르테미스 프로그램에 참여할 가능성이 훨씬 커졌다는 점도 부인할 수 없다. 나사의 고위 관료가 한국은 이미 아르테미스 프로그램에 참여하고 있다고 말했다는 점은 공공연한 비밀이다. 상황이 잘 풀린다면 트럼프에게 감사라도 표해야 하지 않을까?

한국의 달 탐사에는 여러 문제점이 있지만, 달 탐사는 그 자체만으로 의미가 크다. 달 탐사의 의의나 기대 효과를 편익 측면에서 구체적으로 제시하기는 어렵다. 하지만 인류의 우주탐사는 결코 중단되지 않을 것이며, 끝까지 포기하지 않는 국가만이 뭔가를 얻을 수 있다. 달 탐사를 제대로 하기 위해서는 우리만의 분명한 철학과 목표가 있어야 한다. 미국의 아폴로 프로그램 사례처럼 달 탐사를 기점으로 우주산업에 대한 국민적 관심을 제고하고 관련 산업이 진흥하는 계기가 되도록 정부 차원에서 노력해야 한다.

하나 더 언급하면 달 탐사 이후 우주탐사의 방향과 목표를 어떻게 정할지도 고민해야 할 것이다. 3차 우주개발기본계획을 살펴보면, 정부는 2030년에 실행할 예정인 달 착륙 이후 우주탐사와 관련해 달을 다시 탐사하는 것은 과학적 가치가 떨어진다고 판단하고 2035년에 소행성을 탐사하고 귀환한다는 차세대 우주탐사 목표를 설정했다. 이 목표대로 진행한다면 우리도 이제 본격 우주개발에 나선 셈이라고 볼 수 있다.

우리에게도 우주청이 필요할까?

"한미 간 우주개발 협력에 어려움이 있는 게 사실이다. 미국 나사처럼 독립적으로 우주개발 정책을 전담해 추진하는 조직이 한국에 없기 때문이다."

나사를 포함한 미국의 우주정책을 총괄하는 백악관 산하 미국 국가우주위원회의 스콧 페이스 사무총장이 2019년 국내의 한 언론과 인터뷰하며 한 말이다. 이 매체는 페이스 사무총장의 발언을 인용해 우주 전담 조직의 부재, 우주정책에 대한 과학기술정보통신부(이하 과기부)의 비전문성과 독단성이 한미가 우주개발 분야에서 협력하는 데 걸림돌이라고 지적했다. 이 보도가 나간 후 과기부는 우주개발진흥법에 따라 국가우주위원회를 통해 한미 우주 협력을 포함한 우주정책 전반을 산학연 전문가와 충분히 논의하며 추진하고 있다는 내용의 설명 자료를 냈다.

스콧 페이스 사무총장의 인터뷰 내용과 과기부의 설명 자료는 한국 우주정책의 민낯을 여실히 보여준다. 과기부가 설명한 국가우주위원회는 과기부 장관이 위원장을 맡고 기획재정부 차관, 외교부 차관, 산업통상자원부 차관 등이 위원을 맡는다. 과기부 장관이 위원장이기는 하지만 타 부처 차관이 과기부 장관과 얼마나 소통할지, 그래서 자기 소속의 부처에서 얼마나 제대로 정책을 추진할지는 우리 공무원들의 현실에서 크게 기대하기 어렵다. 그래서 우주 전담 정부조직을 만들어야 한다는 주장이 제기된다. 각 부처에서 담당하는 업무를 한데 모아 국가의 모든 우주 관련 업무를 관장하는 하나의 부처를 만들자는 것이다. 지금부터는 현재 과기부가 주도하는 우주정책의 현실이 어떠하며 어떤 문제점이 있는지, 해결하기 위해서는 어떤 노력을 해야 하는지 등을 중점적으로 살펴보겠다.

부처마다 제각각인 우주정책의 일원화

앞서 설명했지만 현재 우리나라 우주정책의 주무 부처는 과기부다. 30여 년 전 우주개발 초기에는 과기부만 이 분야에 참여했지만, 지금은 다른 부처들도 발을 걸치고 있다. 위성을 예로 들면 과기부는 과학위성, 국토교통부는 국토관리위성, 환경부는 환경위성, 기상청은 기상위성, 국방부는 첩보위성 등인 식이다. 여러 부처가 얽혀 있다 보니 부처마다 제각각 우주개발 연구개발 예산을 신청하는 등 중복투자와 예산 낭비가 발생한다는 문제점이 제기된다.

우주개발 사업은 그 성격 때문에 여러 부처의 협력이 필요하다. 예를 들어 통신위성 개발과 운영은 국방부와도 관련 있는 사업이다. 따라서 과기부 한 부처의 관점이 아닌 국가의 전체적인 경영 효율화 차원에서 계획을 수립하고 갈등을 조정하려는 노력이 필요하다.

현재 여러 부처에 걸쳐 방만하게 진행되는 우주개발 사업과 예산 신청, 운영을 통합하고 효율적으로 관리해야 한다는 목소리가 높아지고 있다. 이에 따라 필요한 것이 새로운 거버넌스(지배구조)의 설립이다.

연구개발의 한계를 넘어 산업화로

현재 한국의 우주개발 사업은 사실상 정부 연구개발 사업이 대부분을 차지한다. 여러 차례 설명했지만, 한국의 우주개발은 과거의 연구개발 단계에서 벗어나 산업화 단계로 도약해야 하는 시점에 직면했다. 이미 해외 선진국에서는 뉴 스페이스라는 새로운 패러다임이 일고 있다. 그런데도 우리나라의 우주정책은 과기부와 연구개발 사업이라는 틀 안에서 한 발짝도 나아가지 못하고 있다.

과기부는 연구개발을 지원하는 부처이며, 좀 더 엄밀한 잣대를 들이대면 우주 분야 산업화와는 무관하다. 그런데 최근 뉴 스페이스가 부각되면서 과기부가 앞으로 우주산업화에 나서겠다고 한다. 사실 산업화는 산업통상자원부가 주도적으로 이끌어야 하지만, 아직 산업이 태동조차 하지 않은 국내 우주 분야는 산업통상자원부의 입장에서 그다지 흥미로운 대상이 아니다. 그러므로 과기부 입장에서는 좀 더 의욕적으로 우주산업화를 이끌어나갈 수도 있다. 하지만 계속 지적했듯이 정부 우주개발 사업이 국가 연구개발 사업에 얽매여 있는 현실에서는 민간기업이 적극적으로 참여해 어엿한 하나의 산업 분야로 성장하는 데 여러 제약이 있을 수밖에 없다.

그렇다면 현실적으로 어떤 대안이 가능할까? 이제는 연구개발 차원이 아니라 산업화에 걸맞은 새로운 거버넌스가 필요하다. 형태와 역할은 아직 더 많은 논의와 연구가 필요하지만, 이제부터라도 새로운 거버넌스를 논의해야 다가올 뉴 스페이스 시대에 좀 더 능동적으로 대처할 수 있다.

정부 순환보직, 대화가 안 된다!

우주개발에 관한 국제 협력은 우주 기술에 관한 식견을 갖춘 각국 전문가들이 인적 네트워크를 형성하며 진행된다. 이들이 먼저 만나서 협상하고 공식적으로 논의하면 그 내용이 이후 국가의 정책으로 확정된다. 그런데 현재와 같은 한국의 우주개발 거버넌스로는 국제 협력을 위한 전문가 육성과 인적 네트워크 구축이 쉽지 않다는 사실이 달 탐사 사업을 위한 나사와의 협상 과정에서 드러났다. 나사는 정해진 전문가가 회의에 참석해 의견을 조율하고 협상하지만, 우리나라는 매번 참석자가 달라질 뿐 아니라 전략의 일관성도 유지하지 못하기 때문이다.

이 문제는 사실 무척 중요한 걸림돌이다. 다른 기술 분야와 달리 우주 분야는 긴 호흡으로 사업을 준비하고 추진해야 하는데 순환보직이 원칙인 우리 정부의 현 인사 정책에서는 담당 공무원의 전문성을 기대할 수가 없다. 한국 공무원은 한 분야에서 대략 2년 정도 일하다가 다른 분야로 옮겨간다. 이렇게 과기부 내에서 공무원의 보직이 자주 바뀌다 보니 나사 관계자가 바뀐 담당자에게 똑같은 얘기를 되풀이해야 하는 일이 발생한다. 나사가 최근 우리나라와 진행한 회의에서 과기부 공무원들은 참여하지 말아달라고 요청한 적이 있다. 그래서 대신 우주 분야의 전문성을 갖춘 한국항공우주연구원의 연구원들이 참석했다. 이 연구원들은 전문 지식은 있지만 정부 공무원이 아니므로 나사와 협상하며 뭔가를 결정할 권한이 전혀 없었다. 상황이 이러니 나사와의 논의가 제대로 진행됐을 리가 없다. 한마디로 서로 대화가 안 되는 것이다.

또한 과기부의 우주 분야 공무원들이 상황을 길게 보지 못하는 경우도 많다고 한다. 한 가지 예를 들면 국제우주정거장 건립 초기에 나사가 1,500억 원을 내고 프로젝트에 참여하라고 한국 정부에 제안했는데, 당시 과기부가 거절했다고 한다. 당시 과기부 공무원들은 예산과 진행 중인 사업에만 관심이 있었기 때문에 장기적으로 봐야 할 거대 사업에 관심을 쏟을 이유가 없었던 것이다.

현재 나사는 달 궤도 게이트웨이 건립을 추진하고 있다. 이 프로젝트에 참여하면 얻을 수 있는 것이 많기에 우리 정부는 참여하겠다고 신청했지만, 게이트웨이 프로젝트는 국제우주정거장과 달리 돈만 낸다고 해서 참여할 수 있는 것이 아니다. 돈은 미국도 있다. 미국은 실체가 있는 협력을 원하고 있다. 과거와 달리 기술력까지 요구하는 것이다. 예를 들면 국제우주정거장을 건립할 때 각 참여국들이 모듈을 제공한 것처럼 구체적인 협력을 제공해야 한다는 것이다. 그런데 지금 한국은 그럴 만한 기술력이 없으니 마음대로 참여할 수 있는 상황이 아니다. 국제우주정거장 건립 당시 담당 공무원들이 전문성과 식견이 있어서 프로젝트에 참여하기로 결정했더라면, 현재 우리는 게이트웨이 프로젝트에 더 쉽게 참여할 수 있을 것이다. 우리가 국제적으로 1등이라고 자부할 만한 기술력이 없더라도 당시 국제우주정거장에 참여했던 지분으로 게이트웨이 프로젝트에 비집고 들어갈 틈이 있을 테니 말이다.

새로운 거버넌스, 꼭 필요한가?

지금까지 지적한 내용들을 종합하면 현재 우주개발 사업의 거버넌스 변화는 불가피해 보인다. 명칭은 무엇이 되든 상관없다. 다만 앞에서 지적한 문제들을 원활하게 해결하도록 전문 지식과 식견을 갖춘 다양한 분야의 전문가들로 구성해야 할 것이다.

전문가들은 새로운 거버넌스로 다음과 같은 형태를 제안한다. 국가의 우주 관련 정책을 총괄하는 전문 정부조직을 만든다. 일단 그 이름은 '우주청'이라고 한다. 우주청은 관계 부처 간의 의견을 조정하는 역할이 중요하므로 총리실 산하 우주개발처 내지는 우주위원회로 설치하는 것이 바람직하다. 과기부 소속으로 둔다면 외청으로 설치하되 순환보직에서 제외하고 독립적인 기획과 예산 집행에 관한 권한을 줘야 한다. 그런데 만약 우주청을 설립하면 우주청 공무원들은 순환보직을 하게 될까? 하더라도 우주청 내에서만 순환보직을 하게 될까? 순환보직을 하더라도 우주청 내에서만 한다면 전문성 결여 문제는 자연스럽게 해결될 것이다. 어떤 직책을 맡든 결국 우주 분야 일을 하기 때문이다.

이 같은 전문가들의 지적은 과기부도 인정한다. 과기부 내에서도 현재와 같은 거버넌스로는 무리가 있다는 말이 나오고 있다. 과기부도 나름의 해결 방안을 고민하고 있는데 그중 하나로 우주와 관련된 과를 두 개에서 네 개로 늘리는 방안을 추진하고 있다. 실현된다면 거대공공연구정책과와 우주기술과 외에 우주 협력과와 우주탐사과가 신설될 것이다. 그런데 이를 두고 여러 말이 나오고 있다. 과기부가 꼼수를 부리는 것 아니냐는 지적이다. 우주청 같은 정부조직이 만들어지면 과기부는 현재 맡고 있는 우주 관련 업무를 이 정부조직으로 넘겨야 한다. 과기부 업무 가운데 우주 관련 업무가 없어지는 셈이다. 부처 입장에서 자기 밥그릇이 줄어드는 것이므로 과기부는 사실상 우주청 설립에 적극적일 수 없다. 이런 상황에서 최선은 자기 밥그릇을 유지하면서 몸집을 불리는 방안이다. 바로 그것이 과기부 내에 우주국을 만드는 것이다.

우주청을 설립하지 않고 현재의 거버넌스를 바꾸자는 주장도 있다. 한국항공우주연구원이 현재 어느 정도 우주청의 역할을 하고 있으니 이곳의 기능과 역할을 개편하는 것이 낫다는 의견이다.

하지만 우주청은 필요 없다는 주장도 만만치 않다. 이러한 주장의 근거는 한국이 한국형 발사체를 개발하는 등 이전보다는 우주 분야에서 성과를 내고 있지만, 청 단위의 정부조직이 생겨서 유지되려면 관련 업무가 지속되고 관련 산업도 조성돼야 하는데 아직 한국의 우주개발은 그 단계까지 숙성하지 않았다는 것이다.

한국이 달에 착륙선 하나 정도 보내는 수준에서 우주개발을 멈출 예정이라면 현재와 같은 거버넌스도 큰 문제가 없다. 하지만 달 탐사 이후 그 너머를 꿈꾼다면 현재의 거버넌스로는 한계가 있다는 게 전문가들의 공통된 의견이다. 나사가 협력해야 달에 궤도선을 보낼 수 있는 것이 현실인데, 이후 나사의 협력 없이 달 너머로 진출할 수 있을까? 적어도 이 국제 협력 문제를 지금보다 잘 풀어나가기 위해서라도 새로운 거버넌스가 매우 중요하다.

화성에 탐사선을 보내는 아랍에미리트 우주청

우주청이라고 하면 많은 사람이 나사를 떠올리며 우리가 나사 같은 조직을 만들어 운영할 수 있을지, 우리가 만든 우주청이 나사처럼 일할 수 있을지 의구심을 가질 것이다. 하지만 나사는 자타가 공인하는 세계 최고의 우주 전문 정부기관이다. 모든 우주청이 나사처럼 일할 수도 없고 그럴 필요도 없다. 이제 특색 있는 우주청 몇 곳을 소개하고자 한다. 모두 자신이 현재 처한 상황에서 당장 쓸 수 있는 자원을 최대한 모아 원하는 방향을 통해 우주로 가는 길목에 들어선 우주청들이다.

중동 지역 하면 떠오르는 것은 낙타와 사막, 석유 등이다. 우리나라 사람들은 1970년대의 중동 건설 붐을 통해 이곳을 많이 알게 되었다. 서울 강남 한복판에 있는 테헤란로의 원래 이름은 삼릉로였다. 1977년 서울시와 이란의 수도 테헤란시가 자매결연을 맺으며 서울에는 테헤란로를, 테헤란에는 서울로를 명명하기로 합의하면서 지금의 이름으로 바뀌었다. 중동은 한국과 가까운 곳은 아니지만 인연은 상당히 깊다고 볼 수 있다.

그런데 예상 밖으로 우주 분야에서 한국과 인연을 맺은 중동 국가가 있다. 인구가 1,000만 명도 채 안 되지만 석유로 큰돈을 벌고 무역으로 성장한 중동의 강소국 아랍에미리트United Arab Emirates, UAE다.

아랍에미리트는 2018년에 처음으로 인공위성을 제작했는데, 한국의 중소기업이 중추적 역할을 했다. 우리나라의 도움을 받아 위성을 제작하는 현실을 보고 아랍에미리트는 우리나라보다 우주 분야에서 많이 뒤처졌나 보다 생각할 수 있다. 그런데 꼭 그렇지만도 않다. 놀랍게도 이 나라는 화성 무인 탐사를 추진하고 있다.*

중동 국가 중 화성 무인 탐사 계획을 세운 나라는 아랍에미리트가 유일하다. 그동안 전 세계적으로 미국과 유럽연합, 러시아, 인도만이 화성에 무인 탐사선을 보내는 데 성공했다. 아시아의 맹주였던 일본은 1999년에 화성 탐사선을 발사했지만 궤도 진입에 실패했고, 떠오르는 강자 중국은 2011년에 화성 탐사선을 발사했지만 역시 실패했다. 인도 최초의 화성 무인 탐사선 망갈리안은 2014년에 화성 궤도에 진입하는 데 성공했다. 이렇게 성공하기 힘든 화성 탐사를 우주 분야 신생국인 아랍에미리트가 추진하겠다고 하니 사실 어안이 벙벙하다.

아랍에미리트가 이처럼 야심 찬 계획을 세울 수 있는 이유

* 2020년 7월 20일 일본의 발사체 H2-A에 실린 아랍에미리트의 화성탐사선 아말Amal이 화성을 향해 성공적으로 발사되었다.

는 아랍에미리트 우주청이 강력하게 뒷받침해주고 있기 때문이다. 널리 알려져 있듯이 아랍에미리트는 왕정국가다. 국왕이 의사결정을 하면 그에 따라 신속하게 일이 진행된다. 아랍에미리트는 2014년에 우주청을 설립하고 이듬해에 화성 탐사 계획을 세웠다. 아랍에미리트 우주청은 2017년까지 탐사선을 설계한 뒤 2019년까지 제작과 조립을 마치고, 2020년에 탐사선을 쏘아 올려 2021년 화성 궤도에 진입한다는 계획을 세웠다.

그런데 우주 분야 신생국인 아랍에미리트가 무슨 기술로 화성에 탐사선을 보낼 수 있을까? 답은 의외로 간단한데, 석유자본 덕분이다. 석유를 팔아 막대한 부를 쌓아온 아랍에미리트라면 이 돈으로 우주 관련 기술을 수입할 수 있다. 재미있게 표현하자면, 아랍에미리트판 나사를 통째로 사 올 수도 있다. 황당한 이야기 같지만, 어떻게 보면 우주개발 신생국이자 부자 나라인 아랍에미리트가 선택할 수 있는 가장 빠르고 정확한 답일지도 모른다.

아랍에미리트는 왜 이 시점에 느닷없이 화성 탐사에 나서려고 할까? 이유를 이해하기 위해서는 기본적으로 아랍에미리트의 역사를 살펴볼 필요가 있다. 아랍에미리트는 7개 아랍 토후국으로 이뤄진 나라다. 1853년 여러 토후국이 영국의 보호령이 되었고, 1971년에는 카타르와 바레인을 제외한 7개 토후국이 아랍에미리트 연합국으로 독립했다. 즉 1971년은 아랍에미리트가 건국한 해이고, 화성 탐사선이 궤도에 진입하기로 예정된 2021년은 아랍에미리트가 건국한 지 50주년 되는 해이다. 아랍에미리트는 건국 50주년을 기념해 화성 궤도에 탐사선을 보내 자축하는 한편, 자국이 우주 분야에서 새로운 강자로 부상하고 있다는 점을 전 세계에 알리려고 한다.

국가적 행사에 우주 탐사를 활용하는 나라가 아랍에미리트가 처음은 아니다. 미국은 1997년 독립기념일인 7월 4일을 택해 화성 탐사 로봇 소저너Sojourner를 화성 표면에 착륙시켰다. 중국은 2020년에 화성 탐사선을 발사하고 이듬해인 2021년에 탐사 로버를 화성 표면에 안착시킬 계획이다. 2021년은 중국 공산당이 창당된 지 100주년이 되는 해다.

이 밖에도 아랍에미리트가 화성 탐사선을 보내는 데는 과학적인 이유도 크다. 화성은 물이 없는 척박한 환경이다. 사막이 대부분인 아랍에미리트와 비슷하다. 아랍에미리트는 화성에 관해 깊이 이해하면 환경이 척박한 자국의 환경 문제를 해결하는 데 도움이 될 거라고 기대하고 있다. 또한 아랍에미리트는 우주산업이 과학기술뿐 아니라 사회, 경제 전반에서 부가가치를 창출한다는 점도 잘 알고 있다. 아랍에미리트는 석유로 번 돈을 우주에 투자해 우주개발을 또 다른 경제성장의 원동력으로 삼으려고 한다. 이렇게 원대한 우주개발의 핵심을 담당하는 것이 바로 아랍에미리트 우주청이다. 설립 6년 만에 화성에 탐사선을 보내겠다는 아랍에미리트 우주청을 보면, 우주청은 고사하고 과기부 내 우주국 설립조차 어려운 우리나라 입장에서는 마냥 부럽기만 하다.

소행성 자원 장사에 나서는 룩셈부르크 우주청

우주개발 분야에서 아랍에미리트만큼이나 세간의 이목을 끄는 나라가 룩셈부르크다. 룩셈부르크는 유럽의 금융 수도로 불릴 정도로 주 산업이 금융인 나라다. 면적이 제주도의 두 배 정도 되는 작은 나라지만 1인당 국내총생산GDP은 세계 1위다.

룩셈부르크는 2016년 미국의 우주자원 채굴 기업인 플래니터리 리소시스Planetary Resources에 2,600만 달러, 우리 돈 305억 원을 투자하면서부터 우주개발과 관련하여 세계적인 주목을 받았다. 룩셈부르크는 이 투자로 플래니터리 리소시스의 최대 주주가 됐다. 이 기업은 룩셈부르크의 투자금을 2020년으로 예정된 첫 번째 소행성 탐사선 발사에 쓸 계획이다. 2009년에 아카이드 애스트로노틱스Arkyd Astronautics라는 이름으로 설립된 플래니터리 리소시스는 2012년에 사명을 바꿨다. 이 회사의 목표는 소행성에서 자원을 개발하는 것이다. 왜일까?

플래니터리 리소시스 측은 가까운 미래에 마치 뉴욕에서 LA까지 자동차로 여행하는 것처럼 우주여행을 할 수 있을 거라고 본다. 하지만 자동차 여행할 때 차에 기름부터 잔뜩 채우듯 우주여행을 떠날 때 연료를 가득 채우는 건 비효율적이라고 본다. 연료를 많이 실을수록 우주선에 탑재할 탑재체나 태울 수 있는 여행객의 숫자는 그만큼 줄어든다. 그렇다면 어떻게 우주에서 연료를 충당할 수 있을까? 플래니터리 리소시스는 그 해답을 소행성에서 찾았다. 지구 주위에는 1만 6,000개 정도의 소행성이 돌고 있다. 이들 소행성에는 엄청난 양의 물이 매장되었다고 추정된다. 물을 분해하면 수소와 산소를 얻을 수 있다. 수소는 수소연료로 쓸 수 있고, 산소는 우주인의 호흡용으로 활용할 수 있다. 즉 플래니터리 리소시스는 소행성을 개발하면 로켓과 우주선의 연료를 공급하는 주유소 역할을 할 수 있다고 본다. 이렇게 흥미진진한 일을 하겠다고 나선 이 회사의 잠재적 가치를 알아보고 투자한 나라가 룩셈부르크다. 그 중심에는 2018년 설립된 룩셈부르크 우주청이 있다.

2016년 룩셈부르크는 소행성에 풍부하다고 알려진 금이나 텅스텐 등의 광물자원을 채굴할 수 있는 법제도 마련에 돌입했고, 우주 자원을 채굴한 기업이 그 자원에 대해 재산권을 갖도록 하는 방안도 추진했다. 또 우주사업을 국가 경제의 핵심으로 삼는 우주자원 계획도 발표했다. 룩셈부르크는 이처럼 우주개발을 새로운 성장 동력으로 보고 있다.

국제우주법에는 외기권 조약이라는 것이 있다. 외기권 조약은 달과 기타 천체를 포함한 외기권의 탐색과 이용에 관한 국가의 활동을 규율하는 조약이다. 이 조약 제1조는 외기권은 모든 국가가 자유로이 탐색, 이용할 수 있다고 규정하고 있고, 제2조는 외

©NASA

소행성에서
시료를 채취하는
작업 상상도

소행성에 착륙하여 자원을 채취해
이용할 수 있는 날도 머지 않았다고 보는 몇몇 국가들은
우주 자원 채취와 이용을 위해 법 제도 등을 정비하고 있다.

기권 및 천체에 대해 어떤 한 국가의 주권 주장도 인정하지 않는다고 규정하고 있다. 따라서 어떤 국가도 우주 공간이나 다른 천체에 대한 권리를 주장할 수 없고, 각 국가가 국내법으로 자국민에게 부여하는 소유권도 인정받지 못한다.

하지만 외기권 조약에는 달과 천체에서 채굴한 우주자원과 관련하여 국가의 소유권에 관한 규정이 없기 때문에 국가들 사이에서 논쟁이 되고 있다. 미국을 중심으로 한 우주 선진국들은 조약에 명확한 문구가 없으므로 우주자원에 대해 소유권을 가질 수 있다고 주장하고, 제3세계 국가들은 논리적으로 해석하면 천체에는 자원도 포함되니 소유권을 가질 수 없다고 주장한다. 현재 미국이나 룩셈부르크 등은 국내법으로 자국의 국민 또는 기업이 우주자원을 채굴할 경우 소유권을 인정해주는 법을 제정해 자원을 선점하려 한다.

달, 소행성, 천체 등 우주자원은 사실상 무궁무진하므로 우주개발을 하는 대부분의 선진국들은 우주자원 채굴을 중요한 목표 가운데 하나로 삼고 있다. 이에 따라 우리나라도 우주자원을 우주개발의 주요 목표로 정하고 국내법을 정비할 필요가 있다는 지적이 나오고 있다.

한 가지 흥미로운 점은 룩셈부르크 우주청의 우주개발 전략이 다른 나라 우주청의 전략과 다르다는 점이다. 대다수 우주청의 주요 목표가 화성이나 달에 탐사선을 보내는 것인 반면 룩셈부르크 우주청은 자체 탐사선을 만든다는 계획이 없다. 다만 기발한 아이디어로 우주개발에 나선 신생기업들에 투자하고, 이들이 룩셈부르크에서 원활히 활동할 수 있도록 제도적으로 전폭 지원한다. 금융 중심지로 우뚝 선 룩셈부르크의 전략이 우주 분야에도 고스란히 반영된 것 같다.

특색 있는 우주청을 더 예로 들면 캐나다 우주청을 꼽을 수 있다. 캐나다 우주청은 '로봇 팔' 분야에서 세계 최고 수준이다. 국제우주정거장이나 우주왕복선에 쓰인 로봇 팔은 모두 캐나다 우주청이 제공했다. 미국이 추진하는 달 궤도 게이트웨이에서 사용할 로봇 팔도 캐나다 우주청이 전담할 예정이다.

아랍에미리트 우주청부터 룩셈부르크 우주청, 캐나다 우주청의 사례를 보면 저마다 특색이 있다. 아랍에미리트의 경우 기술력을 확보할 수 있는 막강한 자금, 그리고 한번 세운 우주정책을 흔들림 없이 추진할 절대 권력인 왕권이 있다. 룩셈부르크는 우주를 직접 개발하기보다 돈이 될 만한 우주기업에 투자해 돈을 벌겠다는 전략이다. 캐나다 우주청은 로봇 팔이라는 분야를 특화해 이 분야에선 전 세계적으로 타의 추종을 불허한다. 이 사례들을 보면 결국 선택과 집중으로 요약할 수 있다. 아직 우주청을 보유하지 않은 우리나라는 이로부터 무엇을 배울 수 있을까?

한국 정부가 우주 분야에 쓸 수 있는 돈은 제한돼 있다. 아랍에미리트 정부가 우주 분야에 투자하는 금액과 비교하면 새 발의 피 정도 될 것이다. 그렇다면 룩셈부르크나 캐나다처럼 우리가 잘할 수 있는 분야에 집중하는 것도 좋은 전략이 될 수 있다. 한국이 우주개발을 하려면 지금과 다른 형태의 거버넌스가 필요하다. 그리고 남들이 한다고 따라 할 것이 아니라 우리만의 목표와 전략으로 우리만의 살 길을 모색해야 한다.

뉴 스페이스로 가는 길

이 책에서 한국 우주개발의 현실과 문제에 대한 해결책을 이야기하는 이유는 한국 우주산업을 제대로 육성할 수 있는 방법을 찾기 위해서다. 한국에도 뉴 스페이스가 도래할 수 있을까? 그렇다면 한국은 어떤 분야에서 강점을 띨 수 있을까?

미국은 60년 이상 우주개발에 노력을 기울인 결과 상당한 수준의 인력과 하드웨어 인프라를 구축했다. 여기에 더해 기업가 정신으로 무장한 민간 사업자들이 우주개발에 참여하면서 창조적 혁신을 기술 발전과 결합하는 계기를 마련했다. 이 기업들은 재사용 발사체, 우주관광, 나노 위성, 군집위성, 위성이 촬영한 지구 관측 자료를 다양하게 분석하는 기법 등에서 활용성과 상업성을 높이고 있다. 미국 정부는 민간이 주도할 수 없는 달 탐사와 화성 탐사를 담당하며 미래 우주개발의 방향을 제시했다. 아르테미스 달 탐사 프로그램은 미국 정부가 우주개발의 방향을 새롭게 설정하는 과정의 결과물로 볼 수 있다. 정부는 민간 산업체와 파트너십을 공유하며 무엇을 할 것인가에 집중하고, 산업체는 무엇을 달성하고 얻을 것인가에 집중하며 역할을 분담하는 것이다.

뉴 스페이스 시대에는 국가 중심의 우주개발뿐 아니라 민간이 주도하는 우주산업이 등장한다. 뉴 스페이스가 미국에서 발생한 이유로는 자유로운 민간 투자 환경, 국가 연구개발 기관의 장기 연구개발 투자, 우주기술의 발전에 따른 기술장벽 해소, 우주개발의 민간 분야 이전 등을 꼽을 수 있다. 이에 자극받아 많은 우주 선진국에서 우주 광물 탐사 같은 모험적인 분야부터 소형 발사체, 소형 위성과 같이 새롭고 다양한 분야에 도전하는 벤처기업들의 창업이 현재 활발해지고 있다. 우주산업 최강국인 미국도 많은 자본이 필요한 하드웨어 제작보다 데이터 분석 같은 IT 융합형 우주 벤처기업이 훨씬 더 많다. 이런 우주 기반 수요들이 늘면서 새로운 위성과 발사체에 대한 수요를 불러일으키는 선순환이 이뤄지고 있다.

우주를 이용하는 새로운 방법

한국은 우주개발을 위한 기반 시설인 위성과 발사체 개발 등을 이제 마무리하는 단계에 있다. 따라서 미국에서 진행되는 우주개발 패러다임의 변화와 민간과 정부의 역할 변화를 그대로 적용하기는 힘들다. 그렇다고 해서 우주개발의 산업화가 불가능한 것은 아니다. 우리에게도 새로운 시대가 열리고 있기 때문이다. 뉴스페이스 시대에는 민간이 주도하는 우주 정보 수요가 증가하고 이를 뒷받침할 발사체, 위성, 정보 활용 인프라, 우주 정보 분석 기술(인공지능, 사물인터넷, 빅데이터 등) 등이 크게 발전한다. 우리나라도 내세울 수 있는 분야인 인터넷, 통신기술을 포함한 IT 기술을 바탕으로 하여 우주 정보 활용을 위한 인프라를 구축하는 등 그 기반을 마련한다면 민간이 주도하는 우주 정보 활용 산업이 발전할 수 있을 것이다.

우주를 개발하고 지구를 관측하여 얻은 정보는 지금까지 인류가 경험하지 못한 새로운 종류의 정보를 포함하고 있다. 이 정보들은 매우 상세하고 방대하여 일반적인 수단과 방법으로는 해석하기 어려운 빅데이터의 특성을 띠고 있다. 많은 전문가가 이 정보들을 적절하게 활용하면 국가와 산업계에서 쓸 수 있는 새로운 자원이 돼주리라고 예측한다. 현재 많은 나라가 인공위성으로 얻은 엄청난 자료를 전 세계적인 기후변화에 대한 대응 방안 수립, 곡물의 작황 예측, 조류와 해수온도 그리고 해안선이나 산악지형의 변화 관찰, 해양과 대기 오염물질의 이동과 감시 등에 활용하고 있다. 미국 등의 해외 선진국에서는 위성이 촬영한 영상을 인공지능으로 분석해 유가 정보가 필요한 고객에게 제공하는 등의 고객 맞춤형 서비스를 하고 있다.

우리나라도 이 정보들을 교통량의 변화를 관측하여 경제 흐름의 변화를 예측하거나 균형 있는 국토 개발을 위한 기초 자료로 활용하고, 산불 예방을 위해 산악 지형의 수분 변화를 분석하며, 가뭄 피해를 막기 위해 국토의 저수량 및 수분 변화를 분석하는 한편 전 세계적 기후변화에 대응하는 방안을 모색하고, 국가 안보를 위해 주변국을 감시하는 일 등과 같은 효율적 국가 경영을 위한 자료로 사용할 수 있다.

우주 정보를 활용한 민간 산업은 방송·통신 분야를 제외하면 전 세계적으로 아직 산업화 초기 단계에 있다. 우주개발로 얻은 방대한 정보를 보존하고 활용할 수 있는 국가적 인프라가 미비하고, 우주 정보를 처리하여 원하는 정보를 추출할 수 있는 분석 방법이 부족하기 때문이다. 현재 많은 나라가 확보하려고 노력하는 인공지능과 빅데이터 처리·분석, 고성능 자료 처리 플랫폼은 우주 정보를 분석하는 기본 도구로 사용되는 기술들이다. 아쉽게도 현재 우리나라는 이런 우주 정보를 적극 활용하기 위한 국가적 인프라를 갖추지 못해서 새로운 산업이 태동할 수 있는 환경에 이르지 못하고 있다. 발빠른 대응이 필요한 시점이다.

우주 정보로 돈을 버는 오비탈 인사이트

IBM의 인공지능 의사 왓슨Watson은 환자의 병력을 분석해 환자를 진단한다. 인공지능 왓슨의 진단 정확도가 현직 전문의를 넘어섰다는 뉴스가 그동안 여러 차례 보도됐다. 2016년 인공지능 알파고AlphaGo는 이세돌 기사와의 바둑 대결에서 4승 1패의 성적을 거두었다. 알파고와 왓슨의 공통점은 둘 다 정확한 판단을 내리기 위해 방대한 데이터의 도움을 받았다는 것이다. 엄청난 양의 데이터를 분석해 어떤 규칙과 패턴을 발견한 뒤 새로운 정보가 입력되면 앞선 규칙과 패턴을 기반으로 새로운 결과를 도출해내는 것이다.

인간의 유전자 전체를 뜻하는 유전체는 30억 개의 DNA 염기쌍으로 구성됐다. 암 환자 100만 명의 유전체 정보를 분석한다고 가정하면 30억×100만 개의 염기쌍 정보를 얻을 수 있다. 이런 정보를 일반인과 비교하면 암 환자에게서만 나타나는 특정 유전자 정보를 얻을 수 있을 것이다. 그런데 30억×100만 개의 염기쌍 정보를 분석하는 일은 인공지능이 없으면 불가능에 가깝다. 그래서 최근 인공지능을 유전자 분석에 결합하는 새로운 사업이 주목받고 있다. 이 사업은 개인별 맞춤의학 시대를 앞당길 것으로 기대된다.

인간의 유전체 정보만큼이나 어마어마한 데이터를 꼽자면 인공위성이 촬영한 엄청난 규모의 데이터다. 미국의 우주 관련 신생기업 오비탈 인사이트Orbital Insight는 인공위성이 촬영한 엄청난 양의 데이터에 주목했다. 이 업체는 인공위성을 보유하고 있지 않지만, 인공위성이 촬영한 데이터를 분석하는 자체 인공지능 기술이 있다. 인공지능이 촬영한 빅데이터를 분석하여 고객이 원하는 정보를 추출해 제공하는 것이다. 예를 들어보자.

중동 지역의 원유 탱크를 촬영한 위성 사진이 있다. 이 원유 탱크 덮개의 높낮이를 분석하면 원유 저장량이 어느 정도인지를 알 수 있다. 원유 탱크의 덮개는 고정돼 있지 않고 탱크 안 원유의 높낮이에 따라 위치가 달라진다. 원유량이 많으면 덮개는 탱크 상단으로 올라가고, 적으면 탱크 하단으로 내려간다. 이 원유 탱크를 위성으로 촬영하면 탱크 벽면의 그림자를 볼 수 있는데 이 그림자를 분석해 원유 저장량을 추측하는 것이다. 석유량 증감에 따라 지붕 높이가 달라져 그림자 길이도 변하기 때문이다. 원유 저장량에 대한 정보는 앞으로 유가가 어떻게 변할지 예측하는 중요한 정보로 쓰인다.

이런 예도 있다. 인공위성으로 대형 마트나 백화점 주차장을 촬영하여 주차된 차가 얼마나 되는지 분석한다. 주차장에 차가 많은 날이 계속 이어진다면 소비심리가 살아 있다는 얘기고, 이는 곧 현재 경기가 좋거나 앞으로 경기가 좋아질 것이란 의미다. 반대로 주차장에 주차된 차가 갈수록 줄어든다면 앞으로 경기가 나빠질 것이란 얘기다. 또한 해당 마트나 백화점의 매출도 예상할 수 있는데, 이는 곧 해당 기업의 주가 예측에 활용할 수 있다.

영화에서나 가능할 것 같은 이러한 일들이 이미 미국에서는 상용화됐다. 오비탈 인사이트는 소소한 사례에 불과하다. 위성 촬영 영상의 응용 범위는 무한대에 가깝다고 볼 수 있다. 과거에는 위성을 개발하고 쏘는 데 돈이 들었는데, 이제는 그 위성이 촬영한 영상을 분석하고 가공하면 돈이 되는 시대가 됐다.

위성 영상 정보업체 쎄트렉아이

흥미롭게도 국내에도 비슷한 서비스를 제공하는 민간기업들이 생겨나고 있다. 쎄트렉아이는 우리나라에서 유일하게 위성을 제작해 해외로 판매하는 회사다. 이 업체는 말레이시아와 싱가포르, 아랍에미리트 등에 소형 위성 다섯 기를 수출했다. 최근에는 두 개의 자회사를 설립했다. 쎄트렉아이 이미징 서비스SIIS는 위성이 촬영한 영상을 전 세계에 판매하고, 또 다른 회사 쎄트렉아이 애널리틱스SIA는 위성이 촬영한 영상을 인공지능으로 분석하는 기술을 제공한다. 구체적으로 쎄트렉아이 이미징 서비스는 아리랑 위성 2호, 3호, 3A호, 5호가 촬영한 영상을 판매하며, 이런 위성 영상은 지도 제작이나 농업, 재난재해 관측 등에 활용할 수 있다. 쎄트렉아이 애널리틱스는 머신러닝이나 딥러닝 등 인공지능 기술을 이용해 위성 영상을 분석하는 플랫폼 구축 솔루션을 제공한다.

농업이나 국토 관리에 위성 촬영 영상을 활용하고자 하는 고객들은 자체 위성을 보유하거나 위성 영상을 직접 분석할 필요

없이 필요한 정보만을 제공받고 싶어 한다. 위성이 촬영한 영상을 가공해 입맛에 맞게 요리해준다면 마다할 고객은 없을 것이다. 쎄트렉아이의 두 자회사는 이 같은 고객의 수요를 충족하기 위해 만들어졌다. 쎄트렉아이는 두 자회사가 제공하는 서비스가 위성을 제조하는 모기업보다 시장 잠재력이 더 크다고 내다본다.

박성동 쎄트렉아이 이사회 의장은 뉴 스페이스에 관해 정부의 우주 프로그램과 독립적으로 민간기업이 민간 자본을 조달해 파괴적인 비즈니스 모델을 기반으로 사업화하는 것이라고 규정한다. 지난 2015년부터 전 세계적으로 뉴 스페이스 분야의 연간 투자 규모가 20억 달러를 넘어섰고, 2019년에는 3분기까지의 투자 규모가 50억 달러를 넘어섰다. 뉴 스페이스에 대한 민간 자본의 관심이 커지고 있다는 의미다. 박성동 의장은 한국에서 뉴 스페이스 신생기업이 많이 설립되고 사업적으로 흥미로운 성과가 나려면 한국항공우주연구원 등의 정부출연연구기관에서 많은 경험을 쌓은 연구자들이 파괴적인 비즈니스 모델을 기반으로 하여 팀 단위로 창업하는 것이 필수라고 덧붙였다. 경험과 기술력으로 무장한 연구자들이 혁신적인 아이디어로 창업하는 것이야말로 한국의 뉴 스페이스를 앞당기는 방안 중 하나라는 것이다. 이런 의미에서 중견 우주기업이 우주 분야 스타트업을 키우는 일종의 액셀러레이터 역할을 하는 것도 중요하다고 강조한다.

박 의장은 카이스트 위성연구센터가 인공위성 기술을 배우

©한국항공우주연구원

2020년 4월 아리랑 위성 3A로 촬영한 프랑스 파리의 드골 공항.
평소라면 차량으로 가득했을 공항 주차장이 텅 비어
파리 역시 코로나바이러스감염증-19의 영향권에 있음을 짐작할 수 있다.

라고 영국 서리대학교에 보낸 카이스트 학부 졸업생 가운데 한 명이다. 귀국 후 위성연구센터에서 우리별 2호와 3호 개발에 참여했고, IMF 경제위기 때 뜻이 맞는 연구원들과 함께 위성연구센터를 나와 쎄트렉아이를 창업했다.

국가가 소유한 인공위성이 촬영한 데이터에 민간이 자유롭게 접근할 수 있도록 제도적 기반이 확립된다면 국가가 주도하는 위성 분야에서 민간이 주도하는 변화가 일어날 수 있다. 2020년 2월 19일 프랑스령 남미 기아나 우주센터에서 한국의 세 번째 정지궤도위성인 천리안 2B가 발사됐다. 천리안 2B는 해양 관측과 환경 관측이 주요 임무여서 해양 관련 탑재체와 환경 관련 탑재체를 장착했다. 이제부터 천리안 2B가 촬영한 자료를 분석하면 미세먼지를 유발하는 근본 물질인 이산화질소나 이산화황 등의 화학물질이 얼마나, 언제, 어떤 방향에서 유입되는지를 알 수 있다. 이 영상들을 환경에 관심 있는 민간기업이 활용할 수 있도록 한다면 관련 서비스를 제공하는 기업들이 생겨날 것이다. 미세먼지 관련 정보뿐만이 아니다. 위성이 촬영한 기초 데이터로부터 다양한 정보를 뽑을 수 있다는 점에서 사실상 사업 모델은 무한대라고 볼 수 있다.

우리나라 산업계에 이런 변화가 축적된다면 위성뿐만 아니라 발사체 등에서 나타나는 세계적 추세인 뉴 스페이스를 더 빨리 앞당길 수 있지 않을까?

초소형 위성을 띄우는 나라스페이스테크놀로지

뉴 스페이스와 관련해 필자가 주목하는 또 다른 분야는 초소형 위성 또는 군집위성이다. 이미 미국에서는 구글과 페이스북 등이 군집위성을 쏘아 올려 전 세계에 인터넷을 공급하겠다는 우주 인터넷 사업을 추진하고 있다. 초소형 위성은 소형 발사체로 발사한다는 점에서 기존 중대형 발사체 시장과는 다른 발사체 시장을 형성하고 있다. 그러니 초소형 위성과 소형 발사체는 톱니바퀴처럼 서로 맞물려 성장할 수밖에 없는 관계다.

뉴 스페이스 시대에 초소형 위성이 주목받는 이유 가운데 하나는 세작 비용이 기존 위성보다 훨씬 저렴하기 때문이다. 일반 위성은 한 대를 제작해 발사하는 데 통상 300억~400억 원의 비용이 든다. 반면 초소형 위성은 3억~5억 원이면 가능하다. 신생 기업도 기술력만 있으면 도전해봄 직한 금액이다. 또 초소형 위성은 지구를 한 바퀴 도는 시간이 17~19시간으로 상대적으로 짧으며, 여러 대의 위성을 띄우면 넓은 지역을 관측해 다양한 정보를 수집할 수 있다.

국내에도 초소형 위성을 제작하는 나라스페이스테크놀로지라는 민간업체가 있다. 이 기업의 목표는 초소형 군집위성으로 도시 관리를 하는 것이다. 1미터 해상도×1시간 방문 주기를 갖는 위성으로부터 농업과 해양, 물류 등의 위성 빅데이터를 담은 영상을 수집한 후 이를 분석하여 활용하는 것이 비즈니스 모델이다.

예를 들어 초소형 위성을 띄워 부산항을 한 시간 단위로 관측해 항만 관리에 필요한 정보를 제공하는 식이다. 현재 이 업체는 상용 서비스를 준비하며 관련 기술을 개발하고 있다.

대학원 재학 시절 초소형 위성의 잠재력을 눈여겨 본 박재필 대표는 마음이 통하는 연구원들과 함께 회사를 설립했다. 박 대표는 초소형 위성과 기존 대형 위성의 관계를 노트북과 데스크톱이라고 규정하고, 상황에 따라 각 위성의 장점이 달라진다고 설명한다. 그가 꼽는 초소형 위성의 장점은 정밀도는 떨어지지만 안전 마진을 줄임으로써 경제성과 효율성을 극대화할 수 있다는 것이다. 그는 초소형 위성 시장이 낙관적이기만 한 것은 아니라고 하면서도 뉴 스페이스 시대에 분명 중요한 자리를 차지할 것이라고 강조했다.

우주를 향한 우리의 비전

우주개발을 계속 해나가려면 몇 가지 필수 조건이 충족돼야 한다. 지금까지 발사체와 위성이라는 하드웨어 분야에서 독자 기술을 확보하는 데 주력했다면, 앞으로는 이 같은 하드웨어 기술 개발뿐만 아니라 위성이 촬영한 위성 영상 정보를 가공해 민간에 제공하는 등의 상업화 측면도 다양하게 고민해야 한다. 이를 위해서는 정부와 민간이 동시에 노력해야 한다.

덧붙이자면, 그동안 우리나라에서 산업이 창출된 과정을 살펴보면 대기업이 먼저 사업에 뛰어들어 산업 생태계를 조성하고 그 토대 위에서 창의적인 기업들이 등장해왔다. 그런데 한국의 우주개발 상황을 고려하면 우주산업에는 아직 대기업이 참여할 요인이 적은 것이 사실이다. 지금까지 기술한 우리나라 위성과 발사체의 현실과 대안은 대기업의 참여를 이끌 수 있는 여러 당근 가운데 하나가 될 수 있다. 이 밖에도 정부출연연구기관이 보유한 핵심 기술을 과감하게 대기업에 이전하는 것도 대기업의 참여를 유도하는 중요한 요소가 될 것이다.

여기에 더해 대기업도 우주를 바라보는 시각이 변화해야 할 것이다. 한국의 일부 대기업은 반도체 분야에서 세계적 선두다. 인공위성에는 반드시 반도체가 필요하다. 위성에 투입되는 반도체는 현재 양산하는 반도체를 조금만 손질하면 쓸 수 있다. 그런데 한국 대기업들은 이 분야에 큰 관심이 없다. 큰돈이 될 거라고 생각하지 않기 때문이다. 오히려 우리나라 기업들이 만든 반도체를 해외 업체가 수입해 위성용으로 가공해 판매하는 실정이다. 기업은 생리상 돈이 된다고 생각하면 누가 뜯어말려도 사업에 뛰어들고, 돈이 안 된다고 생각하면 아무리 떠밀어도 눈길도 주지 않는다. 만약 이 책에서 언급한 우주 생태계가 조성되고 우주를 이용해 돈을 벌 수 있다는 인식이 사회적으로 확산한다면, 우주에 대한 대기업의 인식도 바뀔 것이다.

우주라는 분야는 무척 폭넓기 때문에 모든 분야를 한국이 다

달에서 본 지구

©NASA

우주라는 분야는 무척 폭넓기 때문에
모든 분야를 한국이 다 할 수도 없고 그럴 이유도 없다.
우리만의 철학과 전략을 가지고 우리가 가장 잘할 수 있는 것에
국가적 역량을 집중하면 뉴 스페이스 시대에도
경쟁력을 높일 수 있을 것이다.

할 수도 없고 그럴 이유도 없다. 우리만의 철학과 전략을 가지고 우리가 가장 잘할 수 있는 것에 국가적 역량을 집중하면 뉴 스페이스 시대에도 경쟁력을 높일 수 있을 것이다.

그렇다면 이 시점에서 드는 의문 하나. 한국의 우주개발 혹은 우주산업의 비전은 무엇일까? 정부가 이 질문에 한 문장으로 명확한 답을 제시할 수 있다면 우리나라도 뉴 스페이스를 향해 첫걸음을 뗄 수 있을 것이다.

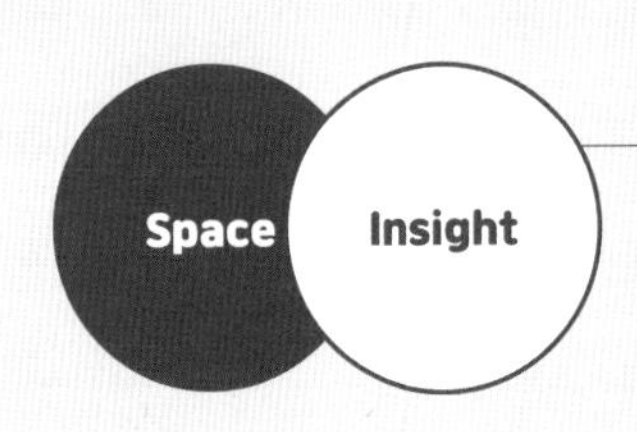

우주를 지배하는 자,
세계를 지배한다!

조지 루카스 감독의 영화 〈스타워즈〉는 미국인에겐 건국신화와도 같은 영화다. 이 영화의 첫 번째 시리즈 3부작은 1978년부터 1983년까지 제작돼 개봉됐다. 이후 1999년 영화의 프리퀄 3부작이 제작돼 2005년까지 공개됐다. 프리퀄은 전편보다 시간상으로 앞선 이야기를 보여주는 속편을 말한다. 스타워즈 3부작도 천문학적인 흥행 수입을 거뒀지만, 프리퀄 3부작은 이를 뛰어넘는 흥행 기록을 세웠다. 2015년부터는 마지막 3부작이 제작돼 마지막 편이 2020년 1월 한국에서도 개봉했다. 2015년과 2017년에 개봉한 마지막 시리즈 두 편의 〈스타워즈〉도 모두 흥행 신기록을 세우며 〈스타워즈〉 신화를 이어갔다. 미국인들은 영화의 재미를 떠나 〈스타워즈〉를 무조건적으로 사랑한다. 일론 머스크는 스페이스엑스의 로켓 이름을 〈스타워즈〉에 등장하는 한 솔로의 우주선 '밀레니엄 팰컨'에서 따와 팰컨으로 명명했다.

〈스타워즈〉의 기둥 줄거리는 은하제국과 반란군의 우주전쟁이다. 영화는 제국군은 악, 반란군은 선으로 단순화해 우주를 지배하는 자가 인류를 지배한다는 메시지를 전한다. 그런데 〈스타워즈〉의 이 같은 메시지가 2020년 현재 지구에서 점점 현실이 되고 있다. 그 주인공은 포스Force라는 신비의 힘으로 무장한 제다이 기사가 아니라 우주군Space Force이라는 군대의 힘으로 무장한 트럼프 미국 대통령이다.

이름부터 생소한 우주군은 우주전을 수행하는 군을 말한다. 2018년 6월 트럼프 대통령은 미국이 우주를 지배해야 한다며 우주군을 창설하도록 지시했다. 그로부터 두 달 뒤 펜스 부통령은 2020년까지 우주군을 창설하겠다고 발표했다. 2019년 8월에는 백악관에서 우주사령부 창설 선포식이 열렸다.

미국이 우주사령부를 이번에 처음 창설한 것은 아니다. 미국과 구소련의 냉전이 한창이던 1985년 미 공군은 미사일 방어와 감시 업무를 통합하기 위해 우주사령부를 창설했다. 당시 레이건 대통령은 대륙간탄도미사일을 포함한 핵미사일을 비행 중에 격추하는 방법에 관한 프로젝트를 추진했고, 그 결과로 나타난 것이 이른바 '스타워즈'로 불리는 우주사령부 창설이었다. 이런 점에서 영화 〈스타워즈〉는 우주판 냉전으로 불렸다.

트럼프 대통령은 우주사령부를 먼저 복원하고 이후 우주군을 창설할 전망이다. 트럼프 행정부가 우주군에 집착하는 이유는 한마디로 우주에서 미국의 패권을 유지하기 위해서다. 백악관은 보도자료에서 우주에서 우위를 확실히 하기 위해 우주사령부를 설립했으며 통신, 정보, 항법, 조기 미사일 탐지와 경보 등 뛰어난 우주 능력을 운용해 전투력을 제공하는 등 미국의 우주전쟁 구조를 향상할 것이라고 설명했다. 이를 위해 2019년 말에 육군과 해군, 공군과 해병대, 해안경비대에 이어 여섯 번째 군대로 우주군을 창설한 것이다.

사실 트럼프 행정부의 우주군 창설의 중심에는 러시아나 중국과의 우주 패권 경쟁이 있다. 러시아는 우주군 창설과 해체를 거듭하다 2001년에 우주군을 재창설한 뒤 2011년에 우주항공방위군으로 개편했다. 개편된 우주항공방위군은 러시아판 GPS로 불리는 글로나스의 운용도 관장한다. 미국의 GPS가 미사일이나 드론 등을 운용할 때 필수라는 점을 고려하면 이는 당연한 조치로 보인다. 러시아는 또한 상대국의 위성을 부수는 일명 킬러 위성을 개발하고 있다.

중국은 2007년에 미사일로 위성을 파괴하는 데 성공한 바 있다. 당시 중국은 고도 850킬로미터 상공에서 자국의 노후 위성을 미사일로 파괴했다. 러시아와 중국의 이 같은 움직임이 미국을 자극했음은 더 말할 나위도 없다. 일본 역시 2022년까지 우주군을 창설할 예정이다. 이 부대는 인공위성에 위협이 되는 우주 쓰레기 문제에 대응하는 한편, 중국과 러시아의 위성을 감시하는 임무를 수행할 것이라고 한다.

미국, 러시아와 중국, 일본이 이렇게 우주 분야에 관심을 두는 이유는 우주를 지배하는 자가 정보를 지배하기 때문이다. 위성을 통해 각종 정보를 얻는 현대전에서 우주에서의 패권은 작전 성공에 절대적일 수밖에 없다. 이 같은 맥락에서 각국은 미국의 GPS에 의존하지 않는 항법 시스템을 개발했다. 러시아의 글로나스, 중국의 베이더우, 유럽연합의 갈릴레오가 그 주인공들이다. 우리나라 역시 자체 항법위성을 개발하는 사업을 추진하고 있다. 앞으로 한국판 GPS가 구축될지 기대된다. 바야흐로 주요 선진국들이 우주를 무대로 보이지 않는 전쟁, 스타워즈를 치르고 있다.

호모 스페이스쿠스

5장

로켓 열전

앞에서도 언급했듯이 우주에서 무엇인가를 하기 위해서는 기본적으로 우주로 나가야 한다. 우주에 진출하기 위한 수단을 영어로는 스페이스 비히클Space vehicle, 우리말로는 우주발사체(이하 발사체)라고 부른다. 우주개발에서 발사체의 중요성은 아무리 강조해도 지나치지 않다. 서울에 있는 건설업체가 부산에 아파트를 짓는다고 가정해보자. 만약 이 업체가 자체 트럭을 갖고 있지 않다면 트럭업체에서 빌려 서울과 부산을 왔다 갔다 해야 한다. 그럼 비용도 비용이지만 트럭업체의 일정에 따라 트럭을 빌려야 하는 등의 불편이 이만저만이 아니다. 이 업체가 트럭을 가지고 있다면 훨씬 수월하게 일을 진행할 수 있다. 우주도 마찬가지다. 우주로 향하는 교통수단인 발사체가 있고 없고는 그 나라의 우주개발에 지대한 영향을 미친다.

발사체의 중요성은 우주개발의 새로운 패러다임인 뉴 스페이스 시대에는 더 커질 것이다. 이미 스페이스엑스는 재활용 로켓이라는 새로운 개념의 기술로 발사체 시장의 강자로 급부상했다. 작은 위성을 수천 개 띄워 전 세계에 인터넷을 공급하겠다는 기업들이 우후죽순 생겨나면서 초소형 발사체가 새로운 블루 오션으로 떠오르고 있다. 이번 장에서는 1960년대부터 현재까지 전 세계를 호령한 주요 발사체를 살펴보고자 한다. 독자들이 발사체를 폭넓게 이해하고 더 관심을 갖는 계기가 되길 기대한다.

우주탐사를 위한 물리 산책

1960년대 미국이 아폴로 달 탐사 프로그램을 진행할 때 아폴로 우주선을 달에 보낸 것은 새턴V 로켓이다. 2024년 아르테미스 달 탐사 프로그램에서는 SLS 로켓이 이용된다. 로켓은 우주탐사에서 가장 기본적이면서도 핵심적인 요소다. 그런데 로켓이 발사장을 박차고 하늘로 올라가는 원리는 무엇일까? 해답은 370여 년 전 고전 물리학의 기초를 닦은 아이작 뉴턴에게서 찾을 수 있다(알베르트 아인슈타인을 기점으로 아인슈타인 이전의 물리학을 고전 물리학 또는 뉴턴 물리학이라고 부르고, 아인슈타인 이후의 물리학을 현대 물리학이라고 부른다).

뉴턴은 특히 움직이는 물체에 관심이 많았다. 뉴턴이 나무에

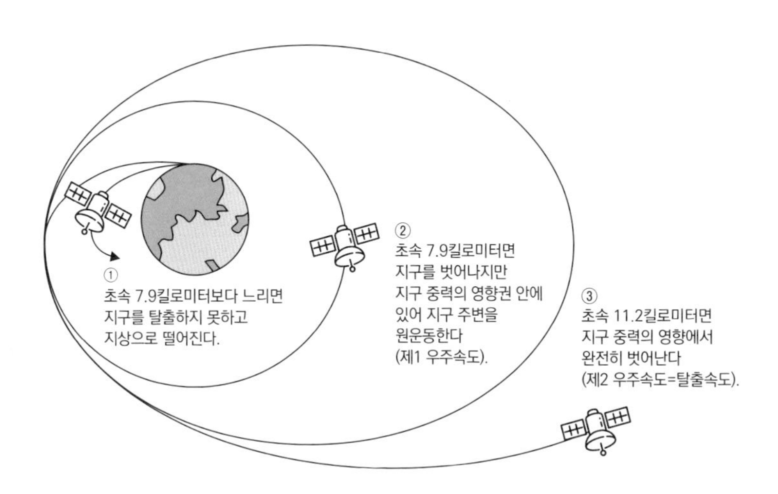

서 떨어지는 사과를 보고 만유인력의 법칙을 정립했다는 이야기는 잘 알려져 있다. 움직이는 물체에 대한 뉴턴의 이론은 그 유명한 '운동의 3법칙'으로 요약된다. 운동의 3법칙은 관성의 법칙, 가속도의 법칙, 작용·반작용의 법칙으로 이루어졌는데, 이 가운데 로켓의 발사 원리는 작용·반작용의 법칙으로 설명할 수 있다.

작용·반작용의 법칙은 쉽게 말해 A라는 물체가 B라는 물체에 힘을 가하면 B 물체 역시 똑같은 힘을 A 물체에 가한다는 원리다. 전자의 힘을 작용이라고 하고, 후자의 힘을 반작용이라고 한다. 예를 들어 주먹으로 벽을 친다고 가정해보자. 주먹으로 벽을 치면 손이 아프다. 세게 치면 칠수록 아픔의 강도는 더 커진다. 주먹으로 벽을 친 만큼 벽도 똑같은 힘으로 주먹을 치기 때문이다. 여기서 주먹으로 벽을 치는 것을 작용이라고 한다면, 벽이 똑같은 힘으로 주먹을 치는 것이 반작용이다. 작용의 힘이 클수록 반작용의 힘도 크니 벽을 세게 칠수록 더 아플 수밖에 없다.

예를 더 들어보자. 우리가 걸을 때 다리는 지구를 밀고, 똑같은 힘으로 지구도 우리의 다리를 민다. 그런데 지구는 사람보다 질량이 크기 때문에 움직이지 않지만, 사람은 질량이 작으므로 앞으로 나아가는 것이다. 사람의 다리가 지구를 미는 힘이 작용이라면 지구가 사람의 다리를 미는 힘이 반작용인 셈이다. 물리학적으로 작용과 반작용은 힘의 크기는 같고 방향은 서로 반대다.

이제 로켓에 관해 생각해보자. 로켓이 지구에서 이륙할 때 로켓의 엔진은 엄청난 양의 기체를 내뿜는다. 이 기체는 로켓의 연료가 연소해 뿜어져 나오는 것으로 로켓이 뿜어내는 힘과 똑같은 크기의 힘이 반대 방향으로 생긴다. 전자가 작용이고, 후자가 반작용이다. 이 반대 방향의 힘이 로켓을 밀어 올려 우주로 보내는 추진력 역할을 한다. 이때 발생하는 반작용인 로켓의 추진력은 로켓이 얼마나 빠르게 기체를 분사하느냐에 따라 결정된다. 즉 로켓의 추진력은 엔진이 연료를 연소하는 속도에 비례한다. 사실 로켓의 발사 원리는 앞서 설명한 사람이 걷는 원리와 똑같다. 다리가 지구를 미는 힘만큼 지구가 다리를 밀어 내가 걸을 수 있듯이, 로켓이 지면을 향해 뿜어내는 힘만큼 반작용으로 수직으로 밀어 올리는 힘이 발생해 로켓이 하늘로 날아갈 수 있다.

그렇다면 로켓에 실려 하늘로 올라간 인공위성은 어떤 원리로 지구로 떨어지지 않고 우주에 머물까? 우리가 돌멩이에 줄을 달고 빙빙 돌리면 이 돌은 일정한 궤도를 그린다. 이때 돌멩이는 안쪽으로 작용하는 힘인 구심력과 바깥쪽으로 벗어나려는 원심력이 평행을 이뤄 일정한 궤도를 유지한다. 즉 원운동을 하는 물체가 제자리에서 일정한 궤도를 그릴 수 있는 이유는 구심력과 원심력이 같기 때문이다.

지구를 돌고 있는 인공위성의 경우 구심력은 지구가 인공위성을 끌어당기는 중력, 즉 지구와 인공위성 간의 만유인력과 같다. 따라서 인공위성이 지구를 벗어나려는 원심력과 만유인력이 같다면 위성은 어디로도 움직이지 못하고 특정한 궤도를 돌게 된다. 만유인력=GMm/R^2이며, 원심력=$m\upsilon^2/r+R$이다(여기서 G는 만유인력 상수, M은 지구 질량, R은 지구 반지름, m은 인공위성의 질량, υ는 인공위성의 속도, r은 지표면으로부터 인공위성까지의 거리다). 위성이 지구 표면에서 돈다고 가정하면 원심력에서 r=0이 되고, 그 결과 도출되는 $GMm/R^2= m\upsilon^2/R$을 수학적으로 풀면, 속도 $\upsilon=\sqrt{GM/R}$이다. 이 속도를 제1 우주속도라고 한다. 다시 말해 위성이 지구 표면을 스치듯이 도는 속도가 바로 제1 우주속도다. 지구의 제1 우주속도는 약 초속 7.9킬로미터다.

그렇다면 제2 우주속도도 있을까? 있다. 제2 우주속도는 지구의 중력장에서 완전히 벗어나 위성이 탈출하는 최소한의 속도를 말한다. 제2 우주속도는 일명 탈출속도라고도 부른다. 제2 우주속도는 역학적 에너지 보존법칙으로 구할 수 있다. 역학적 에너지=운동에너지+위치에너지=$mv^2/2-GMm/r$이다. 따라서 지구 표면에서 위성의 역학적 에너지는 $mv^2/2-GMm/R$(r=R)이 된다. 위성이 지구의 중력장을 벗어나기 위해서는 지구 중력이 0이 되는 지점까지 가야 한다. 중력=만유인력=GMm/r^2이므로 r이 무한대일 때 가능하다.

여기서 지구에서 위성까지의 거리 r이 실제로 무한대라는 의미는 아니다. 위성이 지상에서 발사되면 속도가 점점 빨라지다가 지구 중력 때문에 속도가 점점 줄어든다. 어느 순간 속도가 0이 되는 순간이 오는데, 바로 이때가 지구 중력을 벗어나느냐 마느냐 하는 지점이 된다. 즉 위성이 지구 중력을 벗어나기 위한 최소한의 속도가 되는 지점은 위성의 속도가 0이 되고 위치에너지 역시 0이 되는 지점이다(지구 중력이 0이 되기 위해서는 r=무한대이기 때문이다). 또한 속도가 0이므로 운동에너지 역시 0이 된다.

역학적 에너지 보존 법칙에 따르면 지구 표면에서 위성의 역학적 에너지와 위성이 지구 중력을 탈출하는 최소한의 속도를 갖는 지점에서 역학적 에너지는 같아야 한다. 지구 표면에서의 역학적 에너지=$mv^2/2-GMm/R$, 지구 중력장을 벗어나기 위한 최소한의 속력을 갖는 지점에서 역학적 에너지=0이고, 이를 수식으로 풀면 $mv^2/2-GMm/R=0$이 된다. 이를 계산하면 탈출속도

$v=\sqrt{2GM/R}$ 이 된다. 탈출속도인 제2 우주속도는 제1 우주속도에 $\sqrt{2}$ 를 곱한 값이라는 점을 알 수 있다. 지구의 중력장을 벗어나는 최소한의 속도인 제2 우주속도, 즉 탈출속도는 초속 11.2킬로미터다. 참고로 달의 중력장을 벗어나는 탈출속도는 초속 2.4킬로미터다. 제3 우주속도도 있는데, 태양의 중력을 벗어나 태양계를 벗어나는 속도로 초속 16.7킬로미터다.

지구에서 달로 향하는 우주선을 상상해보자. 이 우주선은 우선 지구의 중력을 벗어나야 달로 향할 수 있으니 초속 11.2킬로미터의 속도가 필요하다. 우주에서는 공기 저항이 없으므로 관성의 법칙에 따라 우주선은 이 속도로 계속 날아갈 것이다. 그런데 계속 이 속도로 날아가면 우주선은 달의 중력에 포획되지 않고 달을 지나쳐 간다. 따라서 우주선은 달 궤도에 진입하기 전에 속도를 줄여서 달의 중력에 포획돼야 한다. 이후 달에서 임무를 수행하고 지구로 돌아올 때는 달의 중력을 벗어날 수 있는 초속 2.4킬로미터의 속도가 필요하다. 이렇게 달의 중력에서 벗어나 지구를 향하면 이 속도는 지구 탈출속도인 초속 11.2킬로미터보다 작기 때문에 우주선은 지구의 중력에 포획되고 지구에 착륙할 수 있게 된다. 물론 지구 대기권에 진입하면서 지구 중력에 의한 가속을 막는 방법도 필요하겠지만 말이다.

나사는 아르테미스 프로그램에서 달을 화성 탐사의 전진기지로 삼겠다고 했다. 지구와 달의 탈출속도를 비교해보면 지구는 초속 11.2킬로미터이고 달은 초속 2.4킬로미터에 불과하다. 지구와 비교하면 탈출속도가 비교가 안 될 정도로 낮다. 이는 곧 그만큼 빠른 속도를 낼 필요가 없다는 의미이고 그만큼 연료를 적게 써도 된다는 의미다. 지구에서 로켓을 쏘는 것보다 달에서 쏘는 게 더 경제적이라는 말은 우주속도로도 설명할 수 있다.

새턴 V

1969년에 인간을 달에 보낸 새턴 V 로켓은 현재까지 역대 최강의 로켓으로 불린다. 이 어마어마한 로켓의 높이는 뉴욕을 상징하는 건축물인 자유의 여신상보다 18미터 더 큰 111미터에 달한다. 나사 케네디우주센터를 대표하는 건물인 VAB Vehicle Assembly Building는 새턴 V 로켓을 조립하기 위해 세워졌다. 연료까지 모두 탑재한 새턴 V 로켓의 무게는 코끼리 약 400마리의 무게와 같은 2,800만 킬로그램에 달한다. 로켓이 내뿜는 추력은 3,450만 뉴턴N으로, 352만 킬로그램의 무게를 들어 올릴 수 있는 힘이다. 새턴 V 로켓은 지구 궤도에 130톤의 탑재체를 쏘아 올릴 수 있는데, 이는 대형 관광버스 아홉 대 무게에 해당한다. 달까지는 50톤의 탑재체를 보낼 수 있는데, 이는 네 대의 관광버스를 보낼 수 있다는 뜻이다. 새턴 V 로켓과 관련해 빼놓을 수 없는 인물이 독일 출신의 과학자 베르너 폰 브라운Wernher

Von Braun이다.

폰 브라운은 나치 독일의 미사일 V2를 만든 과학자로 유명하다. 1944년 9월부터 나치 독일은 런던 등 연합군의 주요 거점에 3,000개 이상의 V2 미사일을 발사했고, 그 결과 9,000명 이상의 민간인이 사망했다. 1944년 연합군의 노르망디 상륙작전이 성공했고 이후 제2차 세계대전은 연합군의 승리로 끝났다.

독일의 패전은 폰 브라운의 인생을 결정적으로 바꿨다. 1946년 9월 미국 트루먼 행정부는 폰 브라운을 미국으로 영입했다. 독일의 로켓 기술을 배워서 대륙간탄도미사일을 개발하기 위해서였다. 당시 구소련과 냉전을 치르고 있던 미국의 절체절명의 과제는 구소련보다 먼저 대륙간탄도미사일을 개발하는 것이었다. 물론 구소련도 독일의 과학자들을 탐냈다. 폰 브라운의 주요 과제는 1958년까지 V2 로켓에 관한 주요 기술을 미국 기술자들에게 전수하는 것이었다. 당시 미국은 자체 미사일인 뱅가드를 개발하는 데 주력하고 있었고, 여기서 폰 브라운은 철저히 배제되고 있었다.

그런데 1957년 구소련이 R-7 대륙간탄도미사일에 스푸트니크 위성을 탑재해 발사하는 데 성공하자, 미 행정부의 생각이 바뀌기 시작했다. 구소련을 넘어서려면 우주에 인간을 보내는 방법 외에는 없다고 생각하게 된 것이다. 그 무렵 폰 브라운 팀은 주피터라는 로켓을 개발해 실험하고 있었다. 미 행정부는 주피터 로켓에 눈길을 돌렸고, 폰 브라운은 새턴 V 로켓 제작을 맡게 됐다.

새턴(토성)이라는 이름이 붙은 이유는 주피터(목성) 다음에 있는 행성이기 때문이다. 그래서 주피터 로켓은 인펀트infant(아동) 새턴 로켓으로도 불린다.

새턴 V 로켓은 3단으로 구성됐다. 42.1미터 크기의 1단 로켓은 F-1 엔진 다섯 개를 사용했다. 1단 로켓은 연료로 RP-1Rocket Propellant-1 또는 Refined Petroleum-1을, 산화제로는 액체산소를 사용했다. RP-1은 등유인 케로신을 로켓용으로 정제한 연료다. 새턴 V 로켓의 2단 로켓은 24.8미터이며 J-2 엔진 다섯 개를 장착했다. 2단 로켓의 연료는 액체수소를, 산화제로는 액체산소를 사용했다. 3단 로켓은 18.8미터로 J-2 로겟 한 개를 사용하며 2단 로켓과 마찬가지로 액체수소를 연료로, 액체산소를 산화제로 사용했다.

케로신은 액체수소보다 추력은 더 좋지만 비比추력은 떨어지는 것이 단점이다. 추력이란 로켓이 내뿜는 힘을 말하며, 비추력은 1킬로그램의 연료가 1초 동안 연소할 때 나오는 힘을 일컫는다(단위는 초). 따라서 비추력이 클수록 추진제의 성능이 좋다. 추진제는 로켓의 연료와 산화제를 말한다. 새턴 V 로켓의 1단에 쓰인 케로신과 액체산소의 비추력은 270초, 2단에 쓰인 액체수소와 액체산소의 비추력은 350초 정도였다. 케로신이 액체수소보다 비추력이 떨어짐에도 새턴 V 로켓의 1단 로켓 연료로 사용된 데는 몇 가지 이유가 있다.

우선 1단 로켓은 지상을 박차고 올라가야 해서 추력이 세야

유리하다. 반면 일단 지상을 박차고 올라간 뒤에는 추력보다는 비추력이 더 중요한 요인으로 작용한다. 또 액체수소를 1단 로켓의 연료로 적용하려면 케로신 연료보다 세 배 이상의 부피가 필요하다. 케로신은 상온에서 액체로 존재하지만, 액체수소는 섭씨 영하 253도를 넘어서면 기화되기 시작하므로 상온에서는 빠르게 증발한다. 열 차단에 많은 신경을 써야 하는 까다로운 연료다. 이런 이유로 새턴 V 로켓의 1단에는 케로신 연료인 RP-1이 적용되었다. 케로신 연료는 새턴 V뿐만 아니라 스페이스엑스의 팰컨 9에도 쓰이고 있다.

한편 액체 연료로 질소화합물 계열의 하이드라진 연료도 있다. 하이드라진의 가장 큰 장점은 상온에서 물과 비슷한 상태인 데다 자연발화가 된다는 점이다. 자연발화가 되므로 별도의 점화장치 없이도 산소를 공급하면 저절로 연소하고, 산소 공급을 멈추면 연소가 중단된다. 이 같은 특성 때문에 하이드라진 연료는 보통 군사용으로 쓰인다. 미사일의 경우를 생각해보자. 하이드라진 연료는 상온에서 액체이기 때문에 한 번 주입하면 보관했다가 쓸 수 있다. 언제든 미사일 발사 명령이 떨어지면 쏠 수 있다는 뜻이다. 반면 액체수소는 주입한 후 바로 발사해야 한다. 상온에서 바로 기화하기 때문이다. 액체수소는 주입하는 데 보통 1~2일이 걸려서 즉시 발사가 불가능하다.

하이드라진의 장점은 자연발화의 특성상 엔진을 껐다 켰다

하기가 쉽다는 점이다. 이 장점은 우주 공간에서 속도를 줄이려 할 때 유용하다. 이런 이유로 아폴로 우주선의 착륙선은 하이드라진과 UDMH unsymmetrical dimethylhydrazine를 1대 1로 섞은 에어로진 50 Aerozine 50을 연료로 썼다. 자동차의 연료에도 휘발유와 경유 등이 있듯이 로켓 역시 목적과 특징에 따라 다양한 연료를 사용한다.

역대 최강인 만큼 새턴 V 로켓은 제작 비용도 만만치 않았다. 1964년부터 1973년까지 연구개발과 비행에 든 비용이 현재 우리 돈으로 344억 원이다. 1966년 한 해에만 12억 원, 현재 금액으로 72억 원이 투입됐는데, 그해 미국 국내총생산의 0.5퍼센트에 해당하는 액수였다. 당시 니사의 연간 예산은 45억 원이었다. 새턴 V 로켓의 고비용과 베트남전쟁은 결국 아폴로 프로그램의 종료를 불러왔다. 아폴로 19호와 20호에 쓰일 예정이었던 새턴 V 로켓은 사용되지 않았다. 이들 로켓은 케네디우주센터와 존슨우주센터에 실물로 전시되어 있다.

혹시 이 전시된 로켓을 약간 손보면 우주선을 발사하는 데 사용할 수도 있지 않을까? 왜 아르테미스 달 탐사에 SLS라는 새로운 로켓을 개발해 사용하려 할까? 라는 의문이 생긴다. 필자가 생각하기에 그 이유는 다음과 같다.

첫째로 로켓은 그 로켓에 맞는 우주선을 탑재한다. 만약 나사가 새턴 V 로켓을 사용한다면 새턴 V에 사용됐던 아폴로 우주선이나 아폴로 우주선의 변형을 써야 할 것이다. 어떻게 봐도 아폴로의 재현일 뿐 그를 넘어선 감동을 줄 수는 없을 것이다. 둘째로 50년이나 잠자고 있던 로켓을 쓰기에는 불안정한 요소가 많다. 셋째로 아마도 이게 가장 현실적인 답일 것 같은데, 50년 전에 개발한 새턴 V 로켓을 쓴다면 나사는 굳이 할 일이 없다. 할 일이 없다는 얘기는 곧 예산 삭감을 의미한다. 어떤 조직이 예산 삭감을 불러올 일을 자발적으로 벌일까?

스페이스 론치 시스템

스페이스 론치 시스템, 즉 SLS는 나사가 아르테미스 달 탐사를 겨냥해 개발하는 로켓이다. 흥미롭게도 이 로켓은 새턴 V 이후 역대 최강의 로켓이 될 것이란 긍정적인 평가와 역대 최고의 세금 낭비가 될 것이란 부정적인 평가를 동시에 받고 있다.

2004년 1월 4일 조지 W. 부시 대통령은 우주왕복선 퇴역, 우주왕복선의 퇴역을 대신할 새로운 유인 우주선 개발, 유인 달 탐사와 유인 화성 탐사 등으로 요약되는 새로운 우주 정책인 컨스틸레이션 프로그램을 발표했다. 이에 따라 개발된 로켓이 아레스 5다. 아레스 5는 기존의 새턴 V나 우주왕복선 로켓과는 달리 우주인과 화물을 한 로켓에 같이 실어 보낼 수 있다. 하지만 버락 오바마 행정부에서 컨스틸레이션 프로그램을 폐기함에 따라 개발이 중단됐다. 지금 아레스 5 로켓을 대신해 나사가 개발하는 로켓이 바로 SLS다.

이 로켓은 블록 1, 블록 1B, 블록 2 세 종의 시리즈로 되어 있다. 나사의 아르테미스 프로그램은 총 8개의 미션으로 구성되어 있는데 편의상 아르테미스 1 프로젝트, 아르테미스 2 프로젝트 등으로 표기하겠다. 블록 1은 아르테미스 1 프로젝트와 아르테미스 2 프로젝트 발사에 쓰일 예정이며, 블록 1B는 아르테미스 3에서 아르테미스 8 프로젝트까지 쓰일 예정이다. 그리고 블록 2는 유인 화성 탐사에 쓰일 예정이다. 아르테미스 1 프로젝트는 2020년 무인 우주선 오리온을 싣고 발사하는 프로그램이며, 아르테미스 3 프로젝트는 2024년 우주인을 달로 보내는 프로그램이다. 아르테미스 2 프로젝트에서는 그 사이에 첫 번째 유인 오리온 우주선에 관한 테스트를 할 예정이다.

SLS는 가운데에 메인 로켓이 있고 양옆으로 부스터 로켓이 한 개씩 장착돼 있다. 네 개의 RS-25 엔진으로 구성된 메인 로켓을 사용하는 1단계를 코어 스테이지core stage라고 부른다. RS-25 엔진은 우주왕복선의 궤도선에 장착됐던 엔진이다. SLS에는 우주왕복선에 쓰려고 했던 RS-25 엔진 재고 16개를 조금 손질해 장착했다. 양옆의 부스터는 우주왕복선에 쓰였던 고체 로켓 부스터를 재활용했다. 블록 1과 블록 1B의 부스터는 네 칸으로 구성

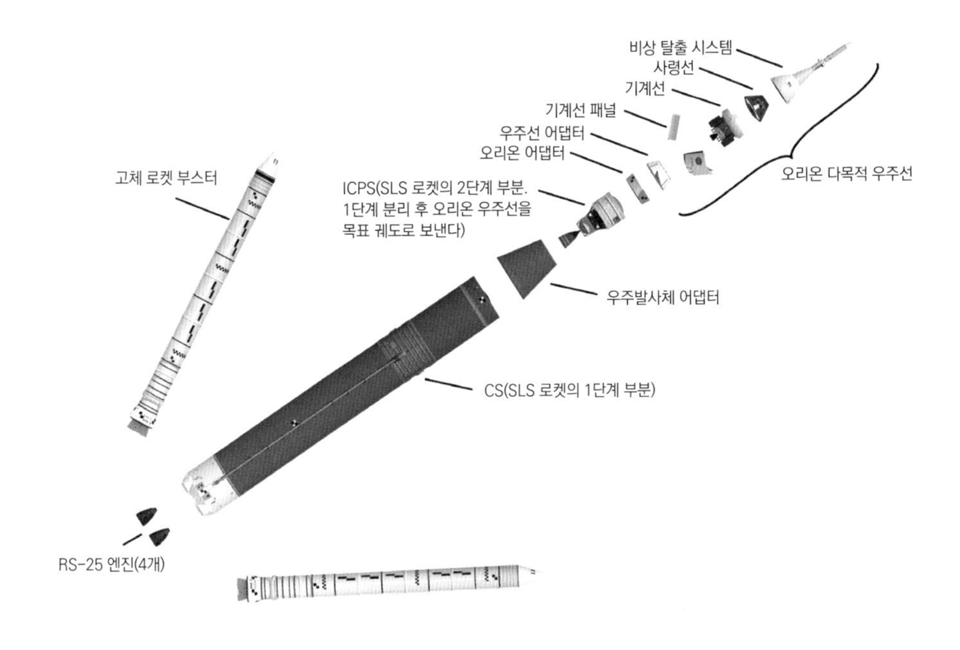

ⓒNASA

SLS 로켓은 가운데에 메인 로켓이 있고
양옆으로 부스터 로켓이 한 개씩 장착돼 있다.

된 우주왕복선 고체 로켓 부스터에 한 칸을 추가해 다섯 개 부분으로 구성되었다. 이에 따라 SLS의 부스터는 우주왕복선의 부스터보다 총충격량total impulse이 25퍼센트 더 크다. 총충격량이란 총 추진제의 소모된 질량과 평균 비추력의 곱을 말한다. 블록 2에는 블록 1과 블록 1B에 쓰인 것이 아닌 완전히 새로운 부스터를 개발하여 사용할 예정이라고 한다. 화성에 가기 위해서는 성능이 훨씬 좋은 로켓을 사용해야 하기 때문이다.

SLS 로켓이 우주에 올라가 일정 궤도에 도달하면 오리온 우주선이 로켓에서 분리돼 달을 향해 비행하는데 이 2단계를 어퍼 스테이지upper stage라고 부른다.

앞에서 살펴본 대로 SLS는 우주왕복선의 기본 골격을 그대로 따왔고, 업그레이드하기는 했지만 RS-25 엔진까지 똑같다. 이런 이유로 SLS는 우주왕복선의 계승자라고도 불린다. 이 어마어마한 로켓은 달의 남극에 우주인을 보낼 예정이며, 임무에 성공한다면 새턴 V를 제치고 역대 최강의 로켓 자리를 차지할 것이다.

하지만 이를 곱지 않게 보는 사람들도 많다. 아르테미스 프로그램을 추진하는 트럼프 행정부는 2020년도 나사 예산에 SLS의 블록 1B와 블록 2에 대한 예산을 포함하지 않았다. 이대로면 앞으로 블록 1B와 블록 2 로켓이 개발될 수 있을지도 의문이다. SLS 블록 1B가 수행하기로 한 아르테미스 임무를 스페이스엑스의 팰컨 헤비, 블루 오리진의 뉴 글렌, 노스럽 그러먼의 오메가Omega,

ULA United Launch Alliance(보잉과 록히드 마틴이 합작해 만든 로켓 제조 전문 회사)의 벌컨Vulcan 같은 민간기업의 로켓이 대신할 것이란 소문마저 돌고 있다. 일단 개발 비용이 높고 민간기업의 참여가 부족하다는 점도 SLS 개발을 어렵게 하는 요인이다. 2009년 미국 유인우주계획위원회는 달 탐사에 SLS보다 더 적은 비용으로 75톤 규모의 탑재체를 실을 수 있는 상업용 로켓을 사용하라고 제안했다. 우주 관련 단체인 스페이스 액세스 소사이어티Space Access Society, 스페이스 프런티어 파운데이션Space Frontier Foundation, 플래니터리 소사이어티Planetary Society 등은 SLS에 투입되는 비용이 나사의 다른 예산을 깎는다며 개발을 취소하라고 요구했다.

2010년 일론 머스크는 25억 달러로 140~150톤의 탑재체를 실을 수 있고 1회 발사 비용도 3억 달러에 불과한 로켓을 개발할 수 있다고 주장했다. 당시 스페이스엑스는 재사용할 수 있는 차세대 로켓인 스타십 개발에 착수했다. 현재 한창 개발하고 있는 스타십의 개발 비용과 발사 비용이 머스크의 주장과 같다면 스타십은 SLS보다 저렴한 가격으로 계속 사용할 수 있는 로켓이 될 것이다.

이런 상황에서는 당연히 SLS 무용론이 대두할 수밖에 없다. 2011년부터 2018년까지 SLS에 140억 달러가 투입됐다. 우리 돈으로 따지면 14조 원이나 된다. 이렇게 천문학적인 비용이 들어갔는데, 아르테미스 1 프로젝트나 아르테미스 2 프로젝트에만 쓰고 말 것이란 비관적인 전망이 나오고 있다.

SLS를 둘러싼 미국 내의 비판적인 주장에는 흥미로운 점이 있다. 나사는 2011년 모든 우주왕복선이 퇴역한 이후 자체 로켓을 발사하지 않고 있다. 그런데 2020년 아르테미스 1 프로젝트에서 우주선을 SLS 로켓으로 발사한다면 9년 만에 자체 로켓을 발사하는 셈이다. 나사 입장에서는 굉장히 중요한 일이다. 미국 로켓 발사의 종주인 나사가 옛 명성을 되찾는 일이기도 하고, 2011년 이후 스페이스엑스와 블루 오리진 등의 신흥 우주기업과 손을 잡으면서도 자체 로켓 개발의 폐지라는 위기에 몰렸던 나사가 어떻게 될지 보여주는 시금석이기도 하다. 뉴 스페이스 시대, 나사는 멸종할 공룡의 처지가 될 것이냐, 아니면 새로운 변화를 통해 진화한 공룡으로 생존할 것이냐, 라는 갈림길에 서 있다.

팰컨 헤비

스페이스엑스의 로켓 발사 방송을 보면 발사 8분 후 로켓을 회수하는 명장면이 나온다. 스페이스엑스나 로켓을 잘 모르는 사람에게는 마치 로켓이 발사되는 장면을 거꾸로 재생하는 것처럼 보이기도 할 것이다.

로켓 재활용으로 로켓 발사의 신세계를 연 스페이스엑스의 팰컨 로켓 시리즈는 팰컨 9과 팰컨 헤비로 대표된다. 팰컨 9은 2단

©Wikimedia Commons

팰컨 헤비는 세 개의 부스터로 이루어진 로켓으로
얼핏 보면 기존의 팰컨 9 세 개를 묶어 만든 형태다.

팰컨 로켓 시리즈

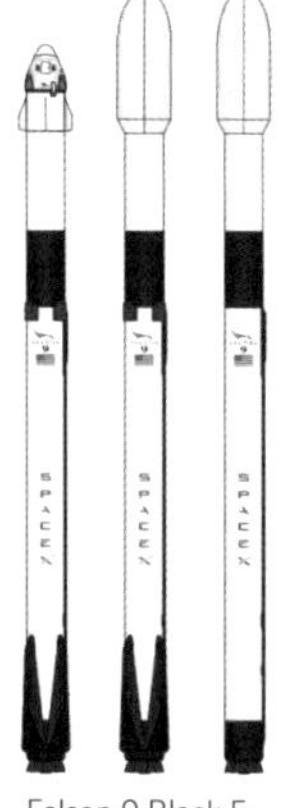

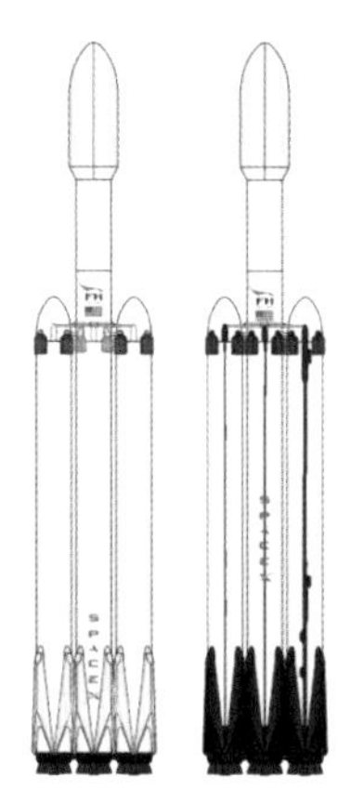

ⓒWikimedia Commons

로켓 재활용으로 로켓 발사의

신세계를 연 스페이스엑스의 팰컨 로켓 시리즈는

팰컨 9과 팰컨 헤비로 대표된다.

계로 구성된 로켓이며 스페이스엑스가 개발한 멀린Merlin 엔진을 사용한다. 팰컨 9은 연료로 RP-1을 사용하며 산화제는 액체산소를 쓴다.

팰컨 9의 최신 모델은 블록 5로, 2018년 5월 11일 발사됐다. 블록 5가 이전 팰컨 9 시리즈와 다른 점은 별도의 보수작업 없이 10회 이상 재발사할 수 있다는 점이다. 적절한 보수작업을 거치면 100회 이상 재발사가 가능하다. 2018년 12월 4일 발사된 팰컨 9 블록 5에는 총 64개의 소형 위성이 탑재됐는데 여기에는 우리나라의 차세대 소형 위성도 포함됐다. 당시 블록 5는 앞선 5월과 8월 두 차례의 발사에서 통신위성을 쏘아 올리는 데 성공했다. 2019년 11월 11일에는 스페이스엑스의 소형 위성 60기를 싣고 네 번째 발사에 성공했다.

팰컨 헤비는 일론 머스크가 인간을 화성에 보내겠다는 꿈을 이루기 위해 개발한 로켓이다. 팰컨 헤비는 세 개의 부스터로 이루어진 로켓으로 얼핏 보면 기존의 팰컨 9 세 개를 묶어 만든 형태다. 팰컨 9 한 개에 아홉 개의 엔진이 들어가니 팰컨 헤비에는 27개의 엔진이 들어간다. 팰컨 헤비는 2018년 2월 6일 일론 머스크의 전기자동차 회사인 테슬라의 로드스터를 싣고 첫 발사에 나섰다. 2019년 4월 11일에는 두 번째 발사에 나섰고, 세 개의 부스터 로켓 모두를 회수했다. 2019년 6월에는 세 번째 발사에도 성공했다. 팰컨 헤비의 탑재량은 나사가 개발 중인 SLS나 스페이스엑스의 차세대 로켓인 빅 팰컨 로켓BFR보다 적지만, 이 로켓들이 아직 개발 중이란 점에서 현존하는 최강의 로켓으로 꼽힌다.

BFR은 '슈퍼 헤비'라고 불리는 1단과 '스타십'으로 불리는 우주선을 포함해 2단으로 구성됐다. BFR의 주요 임무는 화성 유인 탐사, 지구와 달 사이의 운송, 우주관광 등이다. BFR은 발사체와 우주선을 모두 포함한 형태로 2020년에 처음 발사될 계획이며, 2023년에는 달 탐사에 쓰일 예정이다.

팰컨 시리즈와 BFR 모두 창업자인 일론 머스크의 우주관과 관련이 크다. 머스크의 우주관은 한마디로 말해 인류가 화성에 거주할 시대가 도래한다는 것이다. 그는 인류가 지구에 계속 머물면 결국 멸망할 수밖에 없고, 이를 피하려면 지구 밖 행성으로 이주해야 한다고 생각한다. 그에 따르면 100톤에서 150톤까지 탑재할 수 있는 스타십에 연료와 산화제를 충전하려면 9만 달러의 비용이 들며, 1회 발사 비용은 200만 달러다. 그는 이는 소형 로켓 발사 비용보다 적다고 강조한다. 그는 2년에 한 번 화성 발사에 적절한 시점이 도래한다는 점에서(지구와 화성 간의 거리가 가장 짧아지는 때가 대략 2년마다 한 번 온다. 이 시기를 론치 윈도launch window라고 한다) 화성에 인간이 정착하기 위해서는 대략 20년이 걸릴 것으로 내다본다. 이 계획이 황당해 보일 수도 있지만, 머스크가 로켓 재활용이라는 전대미문의 기술을 이용해 로켓 제작 비용과 발사 비용을 획기적으로 절감했고 민간기업으로는 세계 최초로 유인 우주선 발사에 성공했다는 점을 생각하면 마냥 꿈같은 이야기라고 치부할 수는 없을 것이다.

아리안 6

유럽의 명품 로켓으로 불리는 아리안은 아리안 그룹이 제작하고 아리안 스페이스가 발사를 대행한다. 아리안 시리즈의 첫 작품인 아리안 1은 1973년에 개발돼 1979년 12월 24일 첫 발사에 성공했다. 현재 사용 중인 아리안 5는 1987년에 개발돼 1999년 12월부터 상업용 발사에 투입됐다. 아리안 5도 시리즈가 여러 개인데, 현재는 아리안 5 ECA만 사용되고 있다. 2018년 12월 우리나라의 기상위성 천리안 2A가 아리안 5 ECA에 실려 발사됐다.

2015년 과학기술정보통신부는 천리안 2A 위성 발사에 어떤 로켓을 쓸지를 두고 공개 입찰했는데, 최종적으로 스페이스엑스와 아리안 스페이스가 각축을 벌였다. 당시만 해도 스페이스엑스는 신생기업이나 다름이 없었고 아리안 스페이스는 전통 있는 로켓 명가였다. 특히 안정성 면에서 아리안 스페이스는 타의 추종을 불허한다. 아리안 5 ECA는 총 68회의 발사 시도에서 첫 발사를 제외하고 모두 발사에 성공했다. 발사 성공률이 98.5퍼센트에 달한다. 아리안 5 시리즈를 모두 합하면 총 101회 발사를 시도하

아리안 6 로켓

©Wikimedia Commons

아리안 6는 크게 두 종류로 만들어질 예정이다.
아리안 스페이스가 아리안 6 로켓을 두 가지 버전으로
만드는 이유는 빠르게 변화하는 로켓 발사 시장에
대응하기 위해서다.

여 두 번 외에 모두 성공해 98.1퍼센트의 발사 성공률을 기록했다. 입찰 당시 가격 면에서는 스페이스엑스가 유리했지만, 발사 성공률 등을 고려한 종합평가에서 아리안 스페이스가 더 높은 점수를 받았다. 2020년 2월 19일에 발사된 천리안 2B 역시 아리안 5 ECA 로켓에 실려 발사됐다.

현재 차세대 로켓인 아리안 6가 개발되고 있다. 이에 따라 아리안 로켓의 전용 발사장인 프랑스령 기아나 우주센터도 새로운 로켓 전용 발사장을 만들고 있다. 아리안 6는 크게 두 종류로 만들어질 예정이다. 아리안 64와 아리안 62다. 아리안 64는 상업용 위성 발사를 주목적으로 하며 최대 15톤까지 탑재할 수 있고, 아리안 62는 이보다 적은 5톤까지 탑재할 수 있다. 64와 62라는 숫자는 로켓의 장착되는 부스터의 숫자를 뜻한다. 아리안 64는 네 개의 부스터를, 아리안 62는 두 개의 부스터를 뜻한다.

아리안 스페이스가 아리안 6 로켓을 두 가지 버전으로 만드는 이유는 빠르게 변화하는 로켓 발사 시장에 대응하기 위해서다. 대형 위성 발사와 소형 위성 발사 시장으로 양분되고 있는 발사 시장에서 고객의 편의를 위해 발사 로켓을 세분화하는 것이다. 현재 소형 위성 발사는 로켓 랩 등 소형 위성 발사업체들이 주도하고 있다. 물론 아리안 6는 64든 62든 소형 발사업체의 로켓보다는 대형이지만, 아리안 그룹이 두 버전의 로켓을 선보인다는 것 자체가 주목할 만한 일이다.

에필로그

2020년 6월 15일 기준으로 코로나바이러스감염증-19로 인해 발생한 미국 내 누적 사망자 수는 11만 9,000여 명으로 전 세계 1위다. 미국은 코로나바이러스감염증-19에 대한 초기 대응에 실패하면서 관련 사망자가 가장 많은 국가라는 오명을 안았다. 여기에 더해 미국 내 감염자 수가 가파르게 증가하자 트럼프 대통령은 한국 정부에 진단키트를 지원해달라고 요청했다. 한국 진단키트는 응급용으로도 안 쓴다며 쓴소리를 했는데 자국 내 진단키트가 부족해지자 한국에 에스오에스를 날린 것이다. 우리나라 진단키트의 성능이 빠르고 정확해 다른 나라에서도 수입 요청이 쇄도한 당시 상황을 고려하더라도, 이 일화는 바이오 분야에서 세계 최강국이라는 미국의 자존심에 상처를 냈음에 의심의 여지가 없다.

이런 가운데 무너진 미국인들의 긍지를 되살려줄 국가적 이

벤트가 벌어졌다. 민간 우주기업 스페이스엑스와 나사는 한국 시각으로 2020년 5월 31일 오전 4시 32분 나사 케네디우주센터에서 스페이스엑스의 상업용 우주선인 크루 드래건을 발사했다. 두 명의 우주인이 탑승한 크루 드래건은 최초의 민간 유인 우주선이다. 이번 발사는 상업용 운송 서비스에 앞선 마지막 테스트다.

이 발사는 미국에 특별한 의미가 있다. 첫째, 미국이 2011년 우주왕복선 프로그램을 종료한 이후 근 10년 만에 자국 땅에서 자국 로켓으로 자국 우주인을 국제우주정거장에 보냈기 때문이다. 이는 우주 최강국이라는 미국의 이미지를 다시 한 번 전 세계에 각인하는 계기가 되었다. 둘째, 이 발사는 우주 상업화에 기폭제가 될 것으로 보인다. 민간기업으로는 최초로 우주인을 우주로 보내는 데 성공한 스페이스엑스는 다음 단계로 미국 우주인을 국제우주정거장에 보내는 상업용 서비스를 시작할 예정이다. 이를 발판삼아 조만간 민간 여행객을 우주정거장에 보내는 상업 서비스를 시작할 수도 있다. 한발 더 나아가 달 게이트웨이가 완공될 경우 게이트웨이에 민간 여행객을 보낼 수도 있다. 미래의 어느 시점에는 달을 여행하는 패키지 상품이 나올 수도 있다.

이런 얘기는 과거에는 상상으로만 가능했지만 태평양 건너 미국은 현실화에 한 발짝 한 발짝씩 다가가고 있다. 바야흐로 우주 상업화라는 신세계가 활짝 열리고 있다. 러시아나 유럽연합 같은 전통의 우주 강국은 이 신세계에 좀 더 수월하게 진입할 수 있을 것이다. 이에 뒤질세라 우주 신흥강국 중국이 매섭게 이들을 추격하고 있다. 이 밖에도 우주와는 전혀 관련이 없어 보이는 아랍에미리트나 룩셈부르크도 우주를 국가 전략 분야로 키우고 있다. 우주 상업화라는 결승선을 향해 각국이 선의의 경쟁을 펼치려는 이때 대한민국은 어디쯤에 있을까? 선뜻 답하기는 힘들다. 다만 현재와 같은 상태로는 결승선에 도착하는 것은 고사하고 출발선에 서기조차 쉽지 않아 보인다는 것이 전문가들의 공통적인 의견이다.

이 책에서 우리나라 우주 분야 정책의 문제점을 해결할 방안들을 구체적으로 제시하지는 않았지만, 여러 의견을 펼쳐 보였으므로 독자들이 우주 분야에 대한 관심을 높이고 생각의 폭을 넓히는 계기가 되길 바란다. 끝으로 집필 과정에서 많은 도움을 준 산학연 전문가들께 심심한 감사를 표한다.

우주에서 부를 캐는
호모 스페이스쿠스

1판 1쇄 발행일 2020년 7월 7일
1판 3쇄 발행일 2021년 1월 26일

지은이 | 이성규
펴낸이 | 박남주
펴낸곳 | 플루토

출판등록 | 2014년 9월 11일 제2014 - 61호
주소 | 04083 서울특별시 마포구 성지5길 5 - 15 벤처빌딩 510호
전화 | 070 - 4234 - 5134
팩스 | 0303 - 3441 - 5134
전자우편 | theplutobooker@gmail.com
ISBN 979-11-88569-18-2 03440

* 책값은 뒤표지에 있습니다.
* 잘못된 책은 구입하신 곳에서 교환해드립니다.

이 도서의 국립중앙도서관 출판시도서목록(CIP)은
서지정보유통지원시스템 홈페이지(http://seoji.nl.go.kr)와
국가자료공동목록시스템(http://www.nl.go.kr/kolisnet)에서 이용하실 수 있습니다.
(CIP제어번호: CIP2020023370)